国家社会科学基金项目"新型城镇化背景下的传统村落民居的保护性设计研究"（16BG115）

国家社会科学基金项目"生态宜居的乡村人居空间环境美学研究"（18CZX067）

全国艺术科学规划领导小组办公室2018年度文化和旅游智库项目

"乡村振兴与中国休闲文化产业转型发展研究"（18ZK10）

浙江省新型重点专业智库杭州国际城市学研究中心浙江省城市治理研究中心成果

浙江工业大学小城镇协同创新中心"校地战略合作项目：半山村传统村落保护与发展实践研究系列课题"

乡村人居环境建设·乡村景观设计与实践

中国传统村落
景观环境保护与可持续发展建设探索
——半山村

吕勤智 宋扬 等著

ZHEJIANG UNIVERSITY PRESS
浙江大学出版社

图书在版编目（C I P）数据

中国传统村落景观环境保护与可持续发展建设探索 ：
半山村 / 吕勤智，宋扬著． -- 杭州 ：浙江大学出版社，
2023.6
ISBN 978-7-308-23805-2

Ⅰ．①中… Ⅱ．①吕… ②宋… Ⅲ．①村落－景观生
态环境－环境保护－可持续性发展－研究－黄岩区 Ⅳ.
① X21

中国国家版本馆 CIP 数据核字（2023）第 089891 号

中国传统村落景观环境保护与可持续发展建设探索——半山村
ZHONGGUO CHUANTONG CUNLUO JINGGUAN HUANJING BAOHU YU KECHIXU FAZHAN
JIANSHE TANSUO —— BANSHANCUN

吕勤智　宋　扬 等著

责任编辑　赵　静　冯社宁
责任校对　董雯兰
装帧设计　陈　格　莫　倩
出版发行　浙江大学出版社
　　　　　（杭州市天目山路 148 号 邮政编码 310007）
　　　　　（网址：http://www.zjupress.com）
印　　刷　杭州高腾印务有限公司
开　　本　889mm×1194mm　1/16
印　　张　16.5
字　　数　400 千
版 印 次　2023 年 6 月第 1 版　2023 年 6 月第 1 次印刷
书　　号　ISBN 978-7-308-23805-2
定　　价　88.00 元

序言

随着我国人口城乡结构与要素的快速变化，乡村正经历着5000年来最剧烈的发展方式转变与人居环境变迁过程。在城市居民生活方式变化、休闲度假需求激增的驱动下，乡村地区的发展面临着资源要素重组、增长方式转变与地域景观再造的强大压力。自2003年浙江省启动"千村示范，万村整治"工程以来，乡村建设整体上经历了乡村基础设施建设、乡村产业功能培育和乡村人居环境提升三个阶段。相应地，建设主体也从单一的"政府主导"到"政府＋农民"共同推动，再到如今"政府＋农民＋企业＋社会"多方合作推进的过程。直面现实需求，高校人才培养、科学研究和社会服务如何走出一条"服务区域、根植地方、多元协同、创新卓越"的办学之路，实现与区域经济发展转型的同频共振，是当前值得思考的问题。

为了服务浙江村镇建设并快速形成高校相关学科专业品牌，浙江工业大学于2015年上半年成立了小城镇协同创新中心。中心科研团队结合浙江平原水乡、山地丘陵和海岛盆地等地理特征，选择性地在全省建立了若干乡村规划建设的教研基地，通过7年的战略合作，以高校"总承包"服务的方式，从前期的村域发展策划、居民点规划，到中期的旧村改造、新村建筑设计、景观节点建设与室内外环境艺术设计，再到后期的发展营销、旅游策划与学术总结，全方位、全过程地开展多学科、跨专业、常态化的基地教研活动，如乡村认知、基地写生、微电影创作、古建筑测绘、课程设计、中外联合教学、施工指导、学术论坛等，有力地支撑了乡村规划建设人才的培养，指导并推进了基地乡村的建设发展。至今，中心已经在省内4个国家或省级的示范村落建立了战略合作基地，其中对国家级传统村落台州市黄岩区富山乡半山村，经过几年来的陪伴建设，目前已初具雏形。通过体系性的谋划、前瞻性的规划、高品位的设计、高频度的指导、高质量的施工与全方位的营销等方面工作，半山村在全省乃至全国的传统村落保护与开发中独树一帜，成为各地竞相学习观摩的样板。现在的半山村已进入市场资本投入与游客数量双激增、建设档次与品位持续提升的良性发展轨道。小城镇协同创新中心半山村产学研基地的一楼展厅与二楼工作室就像一名无声的专业导游，给前来参观的领导和游客们讲述着高校"基地化、协同化、全方位、全过程"服务区域乡村建设的历程与故事。

《中国传统村落景观环境保护与可持续发展建设探索——半山村》一书，一方面，结合半山村在村域规划、村庄设计、景观设计、室内设计和乡村VI系统设计等方面的实践探索，系统性地提出了促进传统村落保护和开发建设的理论体系与方法路径；另一方面，也记录了浙江工业大学人居环境相关领域多学科、跨专业、全方位、全过程服务浙江乡村振兴的实践经验和探索历程。

近年来的实践表明，以服务区域为办学宗旨，以基地化形式紧密根植地方，走多元协同之路，实现创新卓越人才培养之目的，这是一条高校适应区域经济建设培养社会需求人才的可行路径。

陈前虎

浙江省国土空间规划学会　理事长

浙江工业大学设计与建筑学院　　院长

前言

我国是拥有悠久农耕文明史的国家，在广袤的大地上遍布形态各异、风情各具、历史悠久的传统村落。这些乡村聚落经历了漫长的演变过程，在发展中积淀和形成了具有历史性、传统性、文化性，以及地域特色的聚落形态。传统村落是有着悠久历史和鲜明地域性生产、生活特征的乡村定居点，是当地自然环境与村民生产生活方式、风俗习惯，以及乡村文化精神等方面因素共同作用下的产物。进入21世纪以来，在新农村建设、新型城镇化和乡村振兴建设的发展过程中，对传统村落的人居环境与居民生活质量提出更高的要求。在乡村建设中由于缺少相关系统性理论指导，过于追求乡村的城市化，以及受到经济利益驱使盲目开发等原因，致使乡村建设出现了诸如千村一面、对自然生态环境的破坏性开发、传统历史文脉流失等现象。针对这些问题，学术界以及相关从业者均从不同角度研究和探索，力图构建和谐的乡村聚落环境，重塑村落地域特色，传承地方历史文脉。基于可持续发展理念指导下的乡村建设实践，对保护当地自然生态环境和传承乡村人文精神具有重要的作用。在针对浙江省台州市黄岩区富山乡半山村的乡村设计与建设实践中，浙江工业大学小城镇协同创新中心的课题研究团队，试图探索出基于可持续发展理念指导下的乡村传统村落保护与发展的路径与方法，解决当下传统村落建设中出现的诸多问题。

浙江省台州市黄岩区富山乡半山村，位于黄岩西部风景优美的富山大裂谷景区出口，海拔400余米，距黄岩城区约57千米，与温州永嘉楠溪江景区相毗邻，境内群山起伏，云雾缭绕，风景优美，是理想的休闲度假胜地。该村周边的富山大裂谷景区是浙江省旅游资源中比较罕见的地质崩塌遗迹，有较高的旅游观赏价值。据相关资料考证，半山村始建于北宋靖康元年（1126年），距今已有近900年的历史，村内留存的古桥、古树、古庙，以及穿境而过的黄永古道仿佛在诉说着半山村古老的历史和文化。2014年和2016年半山村相继被评为"中国第三批传统村落"和"浙江省第四批历史文化村落重点村"。村内丰富的传统资源、优美的村落风貌、清晰的历史印记，为发展乡村休闲旅游提供了良好的资源条件，半山村可建设成为富山乡乡村旅游的重要门户。

为了更好地保护、传承和利用好半山村的人文环境、自然生态和建筑风貌，彰显黄岩西部山区乡村的地方特色，切实提升村民的生活质量，当地政府委托浙江工业大学小城镇协同创新中心，利用高校具有规划、建筑、景观三位一体的协同创新设计团队优势，全面承担半山村整体村落区域保护与发展的策划、规划、建筑更新和景观设计等系统性的研究与设计工作。协同创新团队力求在积极保护的前提下，合理开发利用半山村的历史文化资源，挖掘并传承半山村丰富资源的价值特色，优化产业结构，适度发展乡村旅游业。提出合理定位和具体的发展方向与策略，通过具有保护和可持续发展的设计实施方案指导建设实践工作，将有效促进半山村经济、社会、文化的整体性协调发展。

浙江工业大学小城镇协同创新中心积极对接浙江省重大发展战略、促进新型城镇化和两美浙江建设，面向区域经济社会发展，着力提高人才培养、科学研究、社会服务和文化传承创新的整体水平和能力。为了认真贯彻落实国家乡村振兴战略，2015年以全面提升半山村宜居乡村规划建设水平，更好地促进传统村落的保护与开发，不断深化、拓宽校地产学研合作领域，实现高校服务地方经济社会发展为目标，与当地政府签订了"宜居村镇建设校地战略合作协议"。双方本着"资源互补、讲求实效、共谋发展"的原则，探索与实践全方位、多层次、多形式合作，力求通过双方共同努力，实现互惠共赢、共同发展。在合作中共建人才共享机制，发挥高校人才优势，促进半山村传统村落保护和开发，全面提升传统村落可持续发展和乡村振兴规划设计与建设水平。协同创新团队根据当地经济社会发展需要，针对半山村传统村落保护与可持续发展建设积极开展涉及战略性、示范性的相关课题项目研究与设计，为半山村在宜居乡村建设中面临的重要问题提供全方位的智力支撑，为更好地促进半山村传统村落的保护和开发，全面提升乡村振兴和美丽乡村建设水平，积极谋划传统村落保护利用的总体框架和具体设计与建设方案，推进建设工作的落地实施，把半山村打造成传统村落保护与开发利用的省优范例，共同努力完成好半山村保护与开发项目的建设实践工作。

浙江工业大学小城镇协同创新中心利用高校特有的多学科优势，协同城乡规划、建筑学、设计学、风景园林学、管理学等学科，合力探索协同创新推动乡村振兴和美丽乡村建设新模式。全面提升宜居乡村规设计与建设水平，更好地促进传统村落的保护和开发，不断深化、拓宽校地之间产学研合作领域，实现高校服务地方经济社会发展的目标。几年来，校地合作双方本着"务实、高效、共赢"的原则，以项目为载体，扎实推进战略合作。首期实践研究工作主要包括针对"中国传统村落（第三批）"和"浙江省第四批历史文化村落重点村"台州市黄岩区半山村开展保护和开发建设的规划设计研究和建设实践工作。重点针对村落保护利用的总体框架，系统性地完成村庄规划、村庄设计、乡村建筑保护与设计、乡村风貌景观环境设计、新村民居建筑规划与设计、乡村室内环境设计、乡村视觉传达系统（VI）设计，以及乡村公共服务设施系统等方面全方位的乡村人居环境研究与设计工作。协同创新团队坚持"人才培养、科学研究、社会服务、文化传承四位一体"的理念，以不断提升服务区域经济社会发展能力为宗旨，发挥城乡规划、建筑设计、景观设计三大人居环境领域学科齐全和协同创新的优势，全方位承担整体村落的策划与规划、建筑更新和景观环境设计等技术体系的构建任务，全过程参与建设施工的指导工作，既优化提升了高校的人才培养模式，同时也提高了乡村建设的效率，节省了成本，解决了一直以来乡村规划设计不接地气、无法落地的困境，走出了一条高校服务地方、校地"共赢合作、协同创新"的新路子。本书针对中国传统村落半山村的保护与发展建设工作在新模式方面进行有益探索，完成了一系列传统村落保护与发展建设项目，希望这些实践经验和研究成果能够对浙江省和全国乡村建设实践起到相互交流和借鉴的作用。

目录

第一部分

乡村空间和景观保护与更新发展总体规划

Master planning of rural space and landscape
protection, renovation and development

1 传统村落半山村
自然与人文资源调研与分析

1.1 "传统村落"是具有中国特色的
保护传承体系

　　乡村作为人类社会发展的聚居地，承载了丰富的乡风民俗，留存了大量的乡村文化景观，形成乡村特有的人文印迹，是一笔宝贵的文化遗产。中国新型城镇化和乡村振兴战略的实施，为乡村发展带来了新机遇，乡村已成为我国新时期建设中关注的重点。国家统计局发布的中华人民共和国 2020 年国民经济和社会发展统计公报数据显示，我国城乡区域协调发展稳步推进，常住人口城镇化率超过 60%。中国的城镇化保持快速发展的势头。城镇人口逐年增加的趋势标志着中国正由一个具有数千年农业文明历史的农业大国向现代化和城镇化的工业大国转型。然而，在城镇化进程中原有的乡村结构在各个方面正不断发生着变化。由于我国农耕文明持续了较长的时间，村落的历史性老化、自然衰败和损毁现象较为严重，出现了萎缩、凋敝的状况，很多村落已经遭到彻底且不可逆转的毁坏。多年以来城乡二元结构影响了现代乡村的发展，一些不发达地区农村大量劳动力进城务工，乡村出现了空心化现象，导致迁村并点，原有老建筑闲置、废弃和破败，村落传统文化失去活态化传承，传统生活方式和文化逐渐消失；与此同时，发达地区乡村建设发展迅速，富裕起来的村民开始大规模翻新老屋、建造新房。由于缺乏科学的乡村规划、控制、引导和专业设计，简单套用城市建设的模式，导致建设脱离乡村实际和乡村特色的危机产生。在这样大拆大建的浪潮下，很多具有文化价值和意义的乡村聚落、乡土民居建筑永远消失了。传统的乡村结构与形态发生了改变，村落景观遭到破坏，出现乡土风貌不协调和传统文化不可持续等突出问题。新型城镇化和乡村振兴战略的进程和使命，迫切需要有针对性地探讨和研究乡村建设的可持续发展理论与方法，指导乡村建设的实践，在传承中华民族优秀文化的基础上，建设发展美丽繁荣的现代化新农村。

　　为了有效抢救中国乡村传统文化，科学有序地推动保护与发展工作，住房和城乡建设部在 2012 年启动了全国性的传统村落调查工作，在通知文件中明确了"传统村落是指村落形成较早，拥有较丰富的传统资源，具有一定历史、文化、科学、艺术、社会、经济价值，应予以保护的村落"。[1] 同年，住房和城乡建设部联合文化部、文物局、财政部共同编制出台了《传统村落评价认定指标体系（试行）》，为中国的传统村落保护工作奠定了基础，该指标体系是用于评价国家级传统村落的保护价值、认定传统村落保护等级的依据和标准。截至 2019 年，经过调查、申报、遴选和评审，已认定五批在村落选址和格局保持传统特色、传统建筑风貌完整、非物质文化遗产活态传承等方面具有重要保护价值，共计 6819 个村落列入国家级传统村落名录。住房和城乡建设部要求各地方政府以此为基础对列入名录中的村庄实施编制保护与发展规划，推进设计为先的引领作用，制定传统村落保护与发展对策和措施，科学有序地开展建设工作。

中国传统村落保护发展专家委员会主任委员冯骥才指出，中国目前有三个文化遗产保护体系，一个是物质文化遗产体系，一个是非物质文化遗产体系，第三个就是传统村落体系。世界上最多的是物质文化遗产保护体系，极少有非物质文化遗产保护体系，而传统村落保护体系是中国独有的。目前，全世界没有任何一个其他国家对自己的传统村落进行认定，中国作为农耕大国认识到了传统村落文化遗产传承发展的重要性。[2]提出建立保护中国农耕文明为特色的传统村落保护体系，尽管这个认识和决策来得晚了些，但是，从积极的角度看这是对抢救中国文化遗产做出的一项开创性的工作，是具有历史意义的重大贡献。我国传统村落的保护发展工作正处在起步发展阶段，缺乏针对传统村落保护与发展的理论体系和实践经验。这项系统性的传统文化保护发展建设工程，需要学界站在努力为中华文化传承与复兴的高度，借鉴世界各国在物质与非物质文化遗产保护方面的经验与理论研究成果，对传统村落的保护与发展体系进行深入的研究探讨和建设实践。

1.2 传统村落半山村的资源条件背景与现状

浙江省台州市黄岩区富山乡的半山村历史悠久，始建于北宋靖康元年（1126 年），因地处半山腰而得名。由于自然地形基础和土地利用条件，山体溪流阻隔了半山村与外界的沟通，其沿溪自然形成带状村落，传统民居建筑保留淳朴自然的风貌特色。半山村群山环抱，竹林森森，溪水潺潺，鸟语花香，具有得天独厚的自然景观风貌（图1-1-1）。同时，半山村还拥有丰富的非物质文化遗产，并且于2014年被列入第三批《中国传统村落名录》。

图1-1-1　中国传统村落半山村航拍图

1.2.1 半山村自然地理条件

半山村地处东经121.27°，北纬28.64°，属于南亚热带至北亚热带的过渡地带。村域年平均气温为17℃，以1月份最冷，其平均气温为6℃；7月份最热，其平均气温为27.8℃，持续日照天数247.9天，年平均日照时间为1955小时，多年平均降水量为1950毫米，降水时间分布不均。半山村属于典型的山谷滨水型村落，群山环抱，依山就势，村域范围内地势西高东低，南北向呈两侧高、中间低的地势，区内高程多在440.0米至475.0米之间，村域面积3045亩，其中山林面积约占总面积的1/4。村庄周围是小山，小山外围是高大的山峰，连绵起伏、竹林似海（图1-1-2至图1-1-5）。由于受地形及用地条件的限制，半山村被由西至东走向的半山溪阻隔，天然分隔成南、北两片组团，半山溪水质清澈，流量充沛。

图1-1-2 村庄位于半山腰

图1-1-3 村庄周围的梯田

图1-1-4 掩映在丛林中的民居

图1-1-5 村边的古庙——凌云寺

半山村位于黄岩西部风光秀丽的6000万年前山体崩塌形成的现代冰缘地貌的富山大裂谷景区南侧，这里是浙江省旅游资源中相对稀少的地质景观景区。半山村东侧为半岭堂村，西临马鞍山村，南通长决线公路，与温州永嘉楠溪江风景区隔山相邻，沿长决线可直达黄岩市区及温州市永嘉县（图1-1-6）。半山村由于地处山谷之中，具有四季分明的特点，村庄周围竹木丰茂，梯田层层叠叠，环境清新优美。半山溪自西向东穿越村庄后汇入黄岩溪，流入长潭水库，属典型的山涧溪流，随雨水变化，水量枯丰不均，水位变化较大。跨越整个村落的半山溪，溪水清澈见底，提供村民日常浣洗、溪边交谈、儿童戏水等生活需求。村域内的土壤主要有红壤、黄壤、水稻土三大类，且均为酸性土壤，村庄内树木花卉种类繁多，尤以梨树最为突出，每到春天屋前屋后梨花似雪，秋天硕果累累。村域内农田顺应自然坡地的地形变化，以梯田为主，主要位于村庄北侧和东侧，以水稻、马铃薯、南瓜等农作物为主（图1-1-7至图1-1-12）。

图1-1-6　半山村与周边环境鸟瞰

图1-1-7　村庄周边竹林丰茂

图1-1-8　梯田上种植农作物

图1-1-9　山涧溪流

图1-1-10　半山溪

图1-1-11　子母坑溪

图1-1-12　山下潭

1.2.2 半山村人文资源条件

半山村始建于北宋靖康元年（1126 年），至今已有近 900 年的发展历史。开基鼻祖金氏在动荡的社会背景下迁入半山，随后陆续有人择居在此。明清年间黄永古驿道的形成，使得半山村在来往行商的带动下渐渐盛兴。在漫长的发展过程中，形成村庄内种类多样、内容丰富的历史环境要素（表 1-1-1）。包括古驿官道、古桥、古树、古庙、古井、古河道、古炮台和古石磨，以及古村落风貌肌理和大部分民居建筑等，半山村的这些传统村落人文资源要素保存状况相对较好（图 1-1-13 至图 1-1-31）。在半山村历史环境要素中黄永古驿官道具有极为重要的价值与意义，它是半山村形成与发展的核心载体，古道在过去有传送文书、贩运货物、赶考求学等作用，现存的黄永古驿官道在半山村界内，沿途现存路廊四处，石梁桥一座，全长约 15 公里。古驿官道的兴起和衰落影响着半山村的历史演变，古道的保留对半山村的历史文化展现和挖掘有着重要作用，古驿官道文化不仅对半山村的历史研究有重要价值，对整个黄岩地区的历史文化研究也具有重要意义（图 1-1-32 至图 1-1-48）。

表 1-1-1 半山村历史环境要素种类及内容

名称	简介
古河道	古河道是半山村的特色景观之一，现存两处古河道。半山溪自半山村上游，由西向东奔流而下，贯穿村中心，属于典型的山涧溪流。子母坑溪自葡萄坑村北面奔腾而下，由南向北贯穿半山村，属于典型的山涧溪流。
古石磨	出产于明末清初时期，已有 300 余年历史。
古炮台	建于清朝末期，占地约 10 平方米，炮台基用大块溪石修砌。
古井	自北宋时期已经形成，至今已近 800 年，井口呈长方形，井深 7 余米，井下沿内壁由方石块砌成，四季不竭。
古桥	铜桥头　造于 1794 年，位于半山堂，桥体由 6 块石板铺成，长约 4 米，宽约 1 米。 桥儿头　造于 1794 年，位于半山溪上，长约 2 米，宽约 1 米，桥体由 5 根长石条铺成，无桥墩和护栏，桥两端分别连着两条道路。 长沆桥　造于 1814 年，位于半山溪上，长约 3 米，宽约 1 米，桥体由 5 根长石条铺成，无桥墩和护栏。 新桥头　造于 1929 年，位于黄永古道上，长约 3 米，宽约 1 米，桥体由 5 根长石条铺成，无桥墩和护栏。 食堂桥　造于 1954 年，位于半山溪上，村办公楼旁，长约 4 米，宽约 1 米，桥体由 4 根长石条铺成，无桥墩和护栏。
古道	黄永古驿官道始于明清之际，又名"黄永捷径"，起点为宁溪镇王家店，经富山乡境内半岭堂、半山村、鞍山村、北山村及决要村，到达永嘉县张溪村，是古代黄岩西部通往永嘉的重要交通枢纽，总长 49 公里石级古道。
古树	树龄 400 至 500 年的有 4 棵，300 年左右的有 3 棵，主要树种有南方红豆杉、枫树、杜英、粗糠、梨树等。
古庙	现存 3 座古庙：赤水庙、灵云寺、关帝庙。每个古庙都有不同的故事和传说。

图1-1-13　半山村口的古桥　　图1-1-14　长潭桥　　图1-1-15　食堂桥　　图1-1-16　屋门外的石板桥

图1-1-17　半山溪上的石板桥　　图1-1-18　半山堂旁树龄500年的红豆杉　　图1-1-19　赤水庙旁500年树龄的红豆杉　　图1-1-20　半山溪旁有300多年树龄的粗榧

图1-1-21　石屋旁树龄300多年的红豆杉

图1-1-23　古石磨　　图1-1-24　方边石臼　　图1-1-25　古水井

图1-1-26　磨盘　　图1-1-27　圆边石臼　　图1-1-28　屋面瓦

图1-1-22　后山路旁具有400年树龄的古枫树

图1-1-29　古炮台　　图1-1-30　石桥　　图1-1-31　石堰

图1-1-32　航拍图体现出的村庄肌理

图1-1-33　地处半山间的村庄风貌

图1-1-34　依据地形地貌建造的民居建筑

图1-1-35　掩映在山林中的民居建筑

图1-1-36　建在溪水上的老屋

图1-1-37　半山溪旁的老石屋

图1-1-38　黄永古驿道半山村段

图1-1-39　黄永古驿道山石下的古庙

图1-1-40　崎岖的山间古道

图1-1-41　古道石阶

图1-1-42　古道上托运竹子留下的痕迹　　　　　　　图1-1-43　老宅旁的古驿道

图1-1-44　　　　　　图1-1-45　　　　　　图1-1-46　　　　　　图1-1-47
古道上的岁月留痕　　古道穿过村庄　　古道上的廊棚驿站　　紧邻古道的赤水庙

图1-1-48　黄永古驿道旁的古庙——凌云寺

半山村非物质文化遗产资源丰富，包括传统手艺、传统美食及神话故事。传统手艺有古法造纸、织草鞋、草编、绞毡、笋壳鞋、纺纱等；传统美食有半山手艺糕、稻草花包、松花麻糍、柴叶豆腐、黄依曲酒、番薯面、麦鼓头饼、食饼筒等；神话故事有半山十二姓氏由来、黄英华与乌鸦公主的斗法故事、仙鹤岩的传说、仙人造桥等。半山村地域狭小，却住户密集，姓氏众多，共有"金、李、翁、黄、许、周、潘、何、梁、胡、姚、戴"十二姓氏。这些丰富的非物质文化遗产也是构成半山村人文资源的有机组成部分（图1-1-49）。

（1）柴叶豆腐　　　（2）柴叶豆腐汤　　　（3）麦鼓头饼　　　（4）松花麻糍

（5）千层糕　　　（6）食饼筒　　　（7）手艺糕　　　（8）粽子

（9）飘香绿豆面　　　（10）糕印模具　　　（11）绞毡　　　（12）稻草花包

（13）笃笃糕待客　　　（14）编绞毡　　　（15）制作手艺糕　　　（16）制作黄依曲酒

（17）编草鞋　　　（18）石臼捣麻糍　　　（19）古法造纸　　　（20）舞狮表演

图1-1-49 半山村非物质文化遗产部分内容图片

1.2.3 半山村区位与交通条件

半山村位于台州市黄岩区的西部山区，毗邻省道长决线，距离黄岩城区约为57公里，距离富山乡政府约为5公里。半山村东为半岭堂村，西为安山村，南临长决线，连通台州和温州的古道穿境而过。在过去尚未修建省道时，人们经由黄永古道往来贸易行商，这是连通黄岩和永嘉的必经要道。《黄岩志》中有记载，黄永古道也被称为黄永捷径。从乳头屿泉涧逶迤而下，纵贯南北。古道沿着半山溪南北贯穿了整个村庄，不仅沟通了黄岩和永嘉两地，同时也是村内主要交通要道。村内的次干道随着山地起伏和建筑布局，分布贯穿于村落之中。

1.2.4 乡土景观植物种类与现状

通过对半山村景观植物的现状调研、梳理与分析，可以发现半山村周边竹资源丰富，主要以毛竹为主，群山竹海涛涛、溪流潺潺，仿若一处世外桃源。其他乡土植物主要有梨树、红豆杉、枫树、美人蕉、结香、八仙花等。当地地带性植被以常绿阔叶林为主，但由于历史原因，农田以及竹林对常绿阔叶林的破坏较为严重，因而村域内的植物种类相对比较单一。从村头至村尾沿主干路可见错落有致的梨树散布，而且数量较多，是村内具有特色的景观植物。村庄内其他的乔灌木种类稀少，分布不均，导致景观层次单一，缺乏季相变化，需要在系统了解当地植物资源的基础上形成科学合理的植物配置体系。半山村植物景观的现状和问题表现在以下方面：

（1）具有一定观赏价值的乔木主要有香樟、红豆杉、枫树、楝树、柳杉、杜英、粗榧、翠竹、梨树、马褂木等13种，其中比较珍贵的南方红豆杉，可在对其保护的基础上加以利用，以营造特色景观；村中梨树数量最多，每年到了春季，梨花赛雪，枝头飘香，秋季果实压枝，香气四溢，吸引人们前往欣赏，可在植物配置时充分考虑呈现梨树在春秋季时的景观效果。

（2）具有一定观赏价值的灌木主要有茶梅、结香、杜鹃、忍冬、络石、薜荔、八仙花、紫藤、凌霄等9种，由于以往栽植缺乏合理的规划布置，乔灌木之间的组合杂乱无序，景观呈现效果不尽如人意；村中缺乏色叶灌木，季相变化单一。可增加色叶灌木以丰富景观层次，特别是春秋两季。此外，要科学合理规划灌木分布以及与乔木、花卉草本的组合形式，增加具有一定观赏价值的常见灌木。

（3）具有一定观赏价值的花卉草本主要有百合、百日草、凤仙花、蜀葵、美人蕉、波斯菊、麦冬、虎耳草、爬山虎等11种，这些花卉草本处于自由生长状态，缺乏合理规划布置；缺乏与乔灌木植物之间的联系，可增加草本花卉的种类和具有一定观赏价值的常见花卉，并结合场地、种植容器、景观小品，进行多样化组合形式的配置，以此丰富季相景观。

2 半山村在发展建设中存在的问题与解析

2.1 半山村发展建设中的现状问题梳理

（1）以往的乡村规划注重短期建设，忽视战略性的资源保护谋划与长远发展。对乡村聚落风貌、农田景观、山水格局的统筹保护与开发利用不够，从而使乡村规划与建设流于表面，难以推动村庄的可持续发展。

（2）过于注重村庄聚落点建设，忽视村域整体发展策划。当前乡村规划建设的重点大都放在村庄聚落点层面，缺乏对村域空间资源的整体谋划和利用，缺少对村庄未来可持续发展、推动机制和良性循环的发展规划。

（3）过于注重物质环境建设，在经济、社会、生态文化的综合开发与推动方面不足。目前，乡村规划建设的重点在于改善村庄功能分区、空间物质环境与建筑景观效果等方面。忽视了对当地产业发展、历史人文环境以及生态自然保护的综合分析与评估利用，无法体现村庄的个性与特色。

（4）村庄与周边景区联动发展不够。尽管半山村紧临富山大裂谷景区东南侧，并有车行道与其联通，但景区客流主要集中在西侧，加上村落历史文化资源未得到充分展现，村内可游、可居的项目较少，对景区客流没有足够的吸引力，致使景区与村庄之间缺乏相应的联动效应。

（5）历史文化传统村落的保护思路不够清晰。村内部分历史建筑由于年久失修或常年无人居住，已倒塌损毁或面临坍塌的危险。村民缺乏村落建筑风貌的保护意识，加上之前没有清晰、科学的保护规划思路，新建建筑处于盲目建设状态，有的直接在原有宅基地上拆旧房、盖新房，随心所欲，风格迥异，部分建筑层数为四层且体量较大，严重影响了半山村传统村落的意象营造。

（6）村落空心化与人口流失较为严重。在快速城市化的时代发展背景下，村民日益增长的物质居住需求与老村相对落后的居住条件、基础设施矛盾加剧，年轻村民多数外出打工、迁入城区或择地新建，乡村人口正逐渐从村落往城镇转移，造成村落人口急剧减少，村庄整体缺乏活力，空心化在一定程度上加速了传统建筑的损毁和倒塌。

（7）村庄人口老龄化现象较为突出。由于医疗条件的改善与提升，人们的寿命普遍延长，老年人逐年增多，村落老龄化现象日益严重。这些老人文化程度普遍不高，年收入水平较低，在村中主要从事毛竹采伐、种地和建筑零工等。

（8）由于村庄建筑依山而建，部分场地坡度较大，道路交通不便。入村主要车行路与北侧村庄边界沿山副路缺乏联结，致使部分内部村民出行困难。村内步行主路主要沿半山溪两岸分布，部分石板铺地需加以整修；巷道支路较为密集但不通畅，未能与主路形成完整有效的路网体系。

（9）村庄内部建筑密度大，间距小，缺乏必要的公共空间和公共设施。半山村现有公共空间布局凌乱、形象品质较差，缺乏整体规划设计，现有空间起不到承载邻里感情交流和为游客服务的作用。[3]

（10）村民保护意识缺乏，乡村传统文化延续与传承遭受危机。随着时代的发展，半山村原汁原味的人文景观也渐渐发生改变。因为自然、社会、经济等因素的变化，乡村景观的美学价值和历史价值不被现代村民所重视，加上思想意识薄弱以及经济利益的驱使，对传统村落历史遗存缺乏有效的保护，致使传统文化没有得到很好的延续和传播。

总之，半山村与大多数乡村的状况一样，无论是正在投入建设的新农村还是尚未开发的村落，大多千村一色，村民的生活似乎已经被同化，乡村文化特色没有得到很好的延续，已有资源利用不足，资源优势未转化为竞争优势，村庄整体缺乏活力，其深厚的文化积淀也未转化为经济发展的动力；产品经营意识不足，宣传推广乏力。由于村落保护和发展缺乏足够资金，开发辐射能力有限，基础设施等硬件条件滞后，旅游服务接待能力十分有限；村庄人口的老龄化和劳动力缺乏造成开发建设面临严重的人才与劳动力瓶颈[4]（图1-2-1）。

（1）公共通道私搭乱建阻碍公共交通

（2）民居建筑改造与地域风貌不和谐

（3）部分建筑功能缺失形式单调乏味

（4）闲置建筑没能有效利用逐年破败

（5）新建筑形式和色彩缺乏风貌管控

（6）公共服务设施简陋缺乏统一规划

（7）民居院落的环境脏乱差问题严重

（8）建筑材料和形式与传统风貌不符

（9）村庄道路交通网络缺乏合理规划

（10）招牌随意设置破坏村庄视觉环境

（11）信息传播无序缺乏乡村导视系统

（12）墙绘艺术水准低下文化品位不高

（13）新建筑缺乏规划使建筑风貌受损　（14）石板桥栏杆简陋并存在安全隐患　（15）村庄内部道路狭窄存在安全隐患

（16）传统建筑年久失修呈现自然颓废　（17）缺乏规划管理导致村民无序乱建　（18）具有当地特色的石砌筑民居倒塌

（19）建筑常年无人居住和维修变废墟　（20）具有地域性风貌的破败民居建筑　（21）乡村的活力不足老龄化现象突出

图1-2-1 半山村现状问题图片

2.2 半山村传统建筑保护与传承的困境

目前半山村有住宅 70 多幢，总建筑面积约 21096.98 平方米。其中新中国成立前和新中国成立初期建造的传统建筑 38 幢，总面积 13043.1 平方米，占总建筑面积的 61.8%。时代发展加剧了村民日益增长的现代生活居住需求与相对落后的居住条件的矛盾，随着村民劳动力外溢，部分迁入城区，择地安家，以及半山村内居住老龄化和常住人口的死亡，村庄的空心化愈加严重。在非居住状态下的乡土建筑因年久失修或历经风雨侵蚀，部分已坍塌损毁或面临坍塌的境地，半山村乡土建筑正在步入"自然性颓废"的阶段，乡土建筑的地域性特征正处于弱化消失的边缘。在城市化进程中，文化趋同性成为普遍现象，目前半山村的乡土建筑现状不容乐观。由于时间的不可逆性和人为毁坏等因素影响，半山村传统建筑保护面临着以下问题：

（1）传统建筑自然性老化加速。半山村的传统建筑多为木结构、石木结合、砖木结合等结构。在经过多年的风吹雨淋日晒等自然因素的作用下，逐渐出现了门窗剥离、木质腐朽、墙体坍塌等老化衰败景象。部分建筑对立面和室内进行了改建、加建和局部结构改动，例如将传统建筑的木窗、木门改用铝合金门窗；在阳台护栏上采用欧式构件；建筑外立面采用瓷砖贴面等，致使建筑的传统风貌受到损害。

（2）新建筑破坏传统建筑风貌。随着城镇化步伐的推进和半山村村民现代生活意识的加强，越来越多的村民在老房或宅基地的基础上自行改建新的住宅。由于没有风貌控制的相应措施和规章，村中部分年久失修的乡土建筑被盲目拆除重建，多数村民选择建造时髦、气派的别墅、洋房，以混凝土框架和砖砌墙进行结构承重建造，建筑屋顶多采用平坡结合的形式。在新建筑的建造与旧房更新中普遍使用现代建筑材料，放弃传统材料，致使建筑风貌失去地域性文化特色，破坏了传统村落的建筑肌理和乡村传统风貌的整体性。

（3）建筑的居住功能退化。半山村绝大多数传统民居建筑的生活空间相对狭小，采光条件也不是很明亮，通风状况不好；并且由于缺乏规划和设计，部分居住空间中缺少厨卫等基本的功能配置，因此，有些村民只能在住宅外围搭建临时的简易厨房或厕所，村落中的居住体验很难让人体会到舒适和便捷，导致村民除了选择原地改造之外，一些村民也选择离开村落，去往城镇寻求更舒适的生活条件。这也是导致村落空心化现象日趋严重的原因之一。

一个时期以来，由于经济、文化等各方面发展的不均衡，半山村居民经济收入大大低于城镇，生活条件、各种福利及公共设施也较为落后，村庄与城镇的现实生存环境差异过大，一定程度上也导致了村民思想观念上的偏差，普遍向往城市的生活环境，对于自身所处环境缺乏认同感。所以，在现代乡村社会转型期，农民经济收入、生活水平有了明显的提高，而周围环境却没有太多的改变。在城市化发展进程中由于村民对于城市文明的盲目崇拜，缺乏正确观念的引导，城市的建设模式误导着村民对于家乡建设的方向，"洋房"式建筑在半山村内越来越多，空间布局和景观环境日益混乱，传统村落景观形态处在逐渐丧失的境地。

3 半山村传统村落
保护与发展规划分析

3.1 乡村建设规划先行的意义与价值

　　乡村规划设计是运用科学理论和方法对乡村建设发展愿景的计划，统筹乡村在未来建设中的整体性、长期性、基本性和系统性，依照相关政策、法规和技术规范以及标准制定有目标、有意义、有价值的整套行动方案。规划是乡村建设与管理的依据，规划先行将会有效避免盲目、低效、混乱的乡村建设行为，是引导乡村可持续发展必不可少的步骤环节与重要保障。乡村的发展需要规划的引领，通过规划与设计，可以深入了解村庄存在的问题、村民的需求，避免盲目拆建，造成资源浪费。对乡村建设工作精细化管控和开发利用的指引，需要专业的规划设计单位为乡村制定出符合村庄实际、符合村民需求的乡村建设计划。要积极有序推进"多规合一"做实用性村庄规划编制，使规划真正成为乡村发展方向的指南针和建设蓝图，为乡村建设提出各项工程设计的上位要求。规划设计方案具有明确的发展建设目标、方向和任务，避免建设中的盲目性，使乡村循序渐进，有条不紊地开展建设工作。

　　乡村振兴发展是一项需要科学规划和系统设计的工程。不同地域、不同风貌、不同文化背景下的乡村有着各自的特色，针对乡村蕴涵的自然与人文资源优势，规划设计师在充分调查研究的基础上将乡村的自然山水、历史文化、建设用地和耕地资源，以及社会、文化、行政资源等进行科学合理的调配。规划注重挖掘乡村特色，发展优势产业，讲究对空间合理布局，区域发展协调统一，注重生态环境保护与可持续发展等诸多因素的系统性建设。在传统村落保护与更新规划中，需要注重乡村聚落意象的打造与重塑，以唤起人们情感上的共鸣，提升传统村落的核心价值。要加强对村庄风貌的保护，强调保护传统村落、传统民居和历史文化名村中具有独特性的乡村自然与人文资源，通过精细化的规划设计把这些资源挖掘出来保护好和利用好，让这些资源在乡村未来的发展建设中发挥重要的作用。科学的村庄规划要能够立足现有基础，结合乡村生产、生活、生态需求，从功能定位、产业规划、项目策划、空间布局、交通组织与实施保障等方面，提出乡村土地利用，传统风貌保护和景观环境营造的对策措施，引导乡村建设融合发展，保留乡村特色，避免"千村一面"，走出具有独特性的乡村发展之路。

3.2 半山村优势资源特征与评价

半山村的山水资源丰富，人文积淀深厚，对外交通便捷。这些丰富的资源具有一定历史、文化、科学、艺术、社会和经济价值，应予以保护和有效利用。半山村独特的乡村文化和优美的自然环境，对于远离大自然的现代都市人来说，有着巨大的审美体验吸引力，同时具有巨大的旅游产业发展潜力。通过资源分析与评价将有助于把控规划定位与目标，保护与重塑乡村聚落风貌、梳理和优化村落空间特征、挖掘和展示历史文化习俗，多方面体现乡村传统聚落的景观格局，提出更好地保护、传承和利用好半山村丰厚的自然与文化遗产资源的建设实施方案。

（1）区位特征：半山村地处台州市黄岩区西部乡村休闲旅游区和环长潭湖生态旅游圈。明清时期，黄永古驿官道兴起，穿村而过的千年古驿是温州与台州之间的商旅驿道，半山村成为黄岩西部通往永嘉的重要交通枢纽；半山村作为富山乡的旅游门户客厅，拥有"一道一路一环"，即温台古道、朝圣之路、美丽乡村环。特别是村落地处黄岩西部山地乡村旅游区块，紧临富山大裂谷景区，外部资源条件较好，交通便捷，具有联通永嘉与台州的长决线，82省道延伸线等交通网络等资源基础，这些都为半山村未来的发展提供了良好的区位条件（图1-3-1）。

（1）   （2）

图1-3-1　竹林中与溪水边的古道（1-2）

（2）资源特征：半山村位于群山之间，村落整体布局依山傍水，村与山相融，人与水相生，蜿蜒而流的半山溪穿村而过，其村落选址体现出古人对自然环境的尊重与热爱。　半山村四周群山起伏、竹林丰茂，梯田层叠，村内溪水潺潺，古树茂林，环境清幽，犹如世外桃源。这里是高山生态长寿名村，森林覆盖率高达81%，是名副其实的"天然氧吧"。半山村作为著名的溪谷石寨梨花胜境，自然生态要素丰富多样，具有山、水、田园相融合的自然环境资源特征。尤以老村庭院内的梨树最为突出，每年春季繁花似锦，秋季果实满枝。展现出村落与自然环境相互渗透、相互融合的景象。

(3) 村落特征：半山村地处山间谷地，整个村落四面环山，黄永古道穿村而过，村落地势西高东低，整体布局沿等高线随形就势，以坡地和台地结合为主，整个村落建筑群错落有致，天际线柔和，体现了"依山就势、沿溪而建"的形态特征和独特的山地风貌。村落空间肌理看似散乱、无序，实则蕴含着尊重地形、有序变化的中国传统自然观与哲学思想，反映出中国传统村落的布局理念。村庄的院落空间随机组合，整个布局以尊重自然、融于自然为特征。具有以建筑为主体，并与水系、道路、广场等构成意象结构，形成了村庄空间秩序与整体肌理的场地形态。整个村庄以半山溪为空间主线，根据建筑与地形、道路的不同组合关系，主街和次巷结构脉络清晰，呈树枝状展开，形成整体布局统一又有变化的内聚性村庄布局。

(4) 建筑特征：半山村传统建筑多数为木结构和石木结构体系，在建筑用材上就地取材，以溪石和木材为主，沿坡地以卵石垒积作护坡，或以块石作基础。木材构筑的门窗、檐廊细部构造较精致，部分刻有雕花；大面积的山墙用块石或溪石砌筑，粗犷朴实，呈现出丰富浓郁的地方特色。半山村的历史建筑遗存种类和内容丰富多样，展现了半山村悠久的历史和文化特色。建筑风貌特点体现在建筑结合山势、地形和水系，采用灵活自由的布置方式，形成建筑形体的组合与变化，塑造出层次丰富的村落建筑空间与环境。其现存建筑的风貌大致可分为：历史风貌建筑、传统风貌建筑和现代风貌建筑三类。第一类是历史风貌建筑。由于村落形成时间相对较早（宋末元初），再加上山地空气湿度较重，至今保存下来的历史建筑不多，只有三栋木结构清代建筑，应加以严格保护；第二类是传统风貌建筑。建于民国时期和新中国成立后。这类建筑构成了半山村的主体建筑风貌，层数以二层为主，大多有檐廊，二层向内侧收缩，悬山或硬山坡屋顶，极少量为歇山坡顶。采用石木和砖木结构的建筑保存质量相对较好，木结构建筑山墙则基本已腐烂损毁，对整体风貌有一定影响；第三类为现代风貌建筑。大多为20世纪80年代后所建。这类建筑层数以三层为主，有的高达四层，体量较大，平屋顶为主，外墙采用浅色面砖或涂料。此类建筑虽然质量较好，但对整个村落的天际线、风貌格局、视线通廊产生了很大的破坏作用，必须加以整治与改造。

(5) 景观特征：半山村属于典型的山谷滨水型村落，乡村聚落景观蕴含了山水、田园、肌理、节点和邻里五大核心要素。整个村落建筑群错落有致，天际线柔和，体现了"依山就势、沿溪而建"的山地村落风貌。村落建筑顺坡地沿等高线排列，结合东西向半山溪流走向，形成了沿溪沿山带状与台地团块状相互交织的形态格局，并凭借自然地势展现出独有的高低起伏的韵律感。半山村自然环境优美，群山环抱，逐水而居，村落格局错落有致；其历史悠久，村域内有古道、古桥、古树、古建筑和古庙，历史底蕴深厚；乡村民俗代代相传，居于城市之外，隐逸半山之间。黄永古道既是半山村先祖对外联系的交通要道，更为传统村落增添了历史价值和文化底蕴。古道遗产为半山村发展乡村旅游提供了特有的资源条件。

(6) 民俗特征：具有近千年历史的半山村在漫长的发展过程中，形成丰富多彩的民间传说、传统手艺、民间故事、农耕文化等乡村特色民俗文化。留存至今的竹编石雕、酿酒酱菜、古法造纸技艺和家谱族谱等，记录了村民生产和生活的历史，这些受特定地域自然、社会、经济、技术和生活方式等多元因素影响的民俗文化，是乡村规划中保护和传承乡村传统地域文化的重要内容与载体。正是这些传统民俗生活文化，呈现出乡村丰富多彩的生活特色。

3.3 半山村乡村旅游客源分析与功能定位

《黄岩区旅游总体规划（2018—2035）》提出黄岩要多层次发展全域旅游，形成"东商西游，闹中取静"的功能格局，将黄岩区打造成华东"慢轻旅游"重要目的地。整个黄岩地区主要分为屿头生态旅游区、黄岩石绿色乡村休闲区、中部山地探秘度假区和小康生活品质示范区四大区域。半山村位于富山乡境内，被列入西端黄岩石绿色乡村休闲区，该区域以"黄岩之源黄岩石"为文化精髓和品牌形象，具有丰富的生态旅游资源，如大寺基林场、富山大裂谷、富山青龙峡和黄岩大瀑布等，结合区域特色农产品旅游优势，展开了对乌岩头古村落、宁溪老区公所、宁溪直街、宁溪版画村、半岭堂村和半山村等重要节点的保护利用，带动区域内的乡村建设发展。[5]

《黄岩区旅游业"十三五"发展规划》为黄岩旅游业发展绘就了一张整体蓝图。规划指出要立足黄岩不同区域的发展基础和资源禀赋，突出生活、生产、生态与旅游休闲功能的互补与复合，推动黄岩旅游休闲功能、资源环境整合功能、旅游产品培育功能和开发管理激励功能全面发展，提倡以转型升级、提质增效为主线，把从传统产品升级和丰富新产品新业态摆在突出的位置，加快旅游产品由传统观光"一枝独秀"向复合发展转变，满足多样化、多层次的旅游消费需求，多维度、多层面、多元素拓展丰富与提升黄岩特色化、精品化、高端化的旅游休闲产品体系。规划指出坚持"以人为本、因地制宜、生态优先、统筹兼顾"原则，推进旅游休闲导向的美丽乡村建设，提出保护性开发"中国传统村落"富山乡半山村等历史古村落，结合村落保护规划，进行集中村容村貌整治和基础设施整改，充分发挥传统村落乡土建筑特色，引入多元化业态，形成多种休闲业态有机混合的空间模式和经典的"乡愁型"休闲度假产品。以加快黄岩区旅游产业建设为主旨，旅游产业规划是将乡村旅游打造成为繁荣全区经济社会发展的重要引擎，积极推进旅游休闲导向的美丽乡村建设，集中打造美丽乡村旅游的提升版，完善地域文化休闲产品。由于不同村落的自然条件、历史文化背景和生活方式的不同，村落之间的风俗习惯也大不相同。半山村的发展需要建立在生活、生产、生态"三生一体"的基本架构上，从内部驱动引领乡村转型发展，唤醒半山村的生命活力。

（1）客源市场分析与定位

随着居民消费能力和生活方式的不断转变，乡村旅游需求日趋旺盛，其中以中年游客群体为主，他们注重生态环境、运动健身、家庭娱乐等多元化产业结合的养生休闲旅游模式；老年客群注重在风景优美的度假区养生康体、种花养草，慢节奏地度假生活，他们是乡村旅游相对稳定的客源群；乡村也是青年客群的潜在休闲市场，年轻人更喜欢动感、刺激、欢乐、有品质的旅游度假产品，注重乡村户外运动休闲式的娱乐度假。半山村发展乡村旅游的客源市场定位包括核心客源、辐射客源和潜在客源三个方面，核心客源指以黄岩区为中心的台州市内及周边市县客源；辐射客源指以黄岩区、台州市为中心的温州、宁波等浙江省周边区域客源；潜在客源指长江三角洲区域经济发达城市的客源。

（2）功能与主题形象定位

半山村以其地域性的山村聚落景观、田园风光、民俗文化景观，成功入选中国第三批传统村落，将以此为契机，挖掘自身核心吸引物的乡村意象，通过对客群与客源市场定位的分析，提出半山村保护与开发建设的主题形象与功能定位：以乡村休闲旅游和生态居住为发展方向，挖掘"梨花胜境·隐逸半山"的村落特色品牌，将半山村建设成为以古道文化为底蕴，以自然山水、谷地花海为特色，以生态休闲为旅游产业的山地型传统村落。打造"隐""逸"结合、独具空间特色和文化特色的魅力乡村；打造台州市首个以乡村体验和休闲度假为主要内容，以山区康体养生为主打产品，面向台州及周边的中高端乡村旅游度假综合体。提出"梨花古驿，竹海半山"作为半山村的主题形象和旅游营销口号。以"梨花胜境·隐逸半山"为重点打造的传统村落特色品牌，坚持原汁原味的田园景观及本土特色，形成"一村一韵"的发展格局，打造环长潭湖生态休闲圈的精品乡村旅游节点，以青年时尚一族、中年精英阶层及老年养生客群为目标客群源市场，将半山村打造成为高品质的乡村旅游度假综合体。

3.4 半山村规划设计原则

（1）生态优先、共融共生

半山村规划设计应突出生态优先的原则，尊重自然、顺应自然，体现人与自然的融合共生。把村民的实际需求与保护村庄优美的生态环境紧密结合起来，统筹村庄的长远发展，达到村庄与村民的利益双赢。

（2）延续风貌、彰显特色

重点考虑保护依山就势、错落有致的山地村庄聚落风貌，延续村庄肌理与空间形态特征，沿承村内传统建筑的构筑技艺，使之成为具有浓厚地方特色的建筑景观资源，从而展现半山村传统村落特色。

（3）因地制宜、宜居宜游

在功能完善、要素集聚的基础上，更要体现山地村庄的地形特点，着力提升村民的居住品质，同时要考虑村庄历史文化价值的挖掘与传承，积极引导乡村旅游业发展，体现半山村宜居宜游的村庄特点。

4 半山村村域发展规划

4.1 规划设计策略

结合村庄整体发展的定位与目标，以及半山村现存主要问题和发展优势，村庄设计提出景村联动、织补联结、沿承重塑、控制引导四大策略。

（1）景村联动：基于半山村村庄设计发展定位，以及时代发展背景，依托黄岩西部沿长决线美丽乡村发展带、环长潭湖生态休闲圈，利用与富山大裂谷景区的紧密依存关系，植入相应的旅游功能业态，实现景村联动的旅游产业发展效应。

（2）织补联结：从点（节点空间）、线（街巷空间）、面（村落空间）三个层次，编织网络化空间模式，以缝补破碎的村庄空间肌理；完善、优化村庄主、次交通体系，联结并提升新老村区、村内外空间的通达性。

（3）沿承重塑：依据村内建筑的风貌、质量情况，分别采取修复、重建和改造等方式，延续传统村落风貌，继承传统建筑朴素的建筑设计思想；重塑"私密空间（村居）+ 半私密空间（邻里）+ 公共空间（核心节点）"的新区邻里空间体系。

（4）控制引导：从整体和局部两个层面，对村庄整体空间格局、空间肌理、建筑风貌、建筑高度、视线通廊等几方面，加以控制和引导，提出控制性要素与引导性要素，以此有效布置和处理村庄山水、田园与建筑的空间形态关系，指导节点景观和环境设计。

4.2 建设理念与愿景方向

半山村的村域发展规划提出"山地村庄聚落意象"的设计愿景。"山地村庄聚落意象"是一个系统的完整结构体系。其主要内容包括：村庄聚落风貌、建筑空间特征、生产生活方式、历史文化习俗四方面，具有山水、田园、肌理、节点、邻里五大核心要素。规划设计的出发点是使村庄更像村庄，拒绝村庄"城市化"，努力实现村庄"现代化"。

半山村总体设计理念下的发展方向是发展休闲旅游和生态居住。在休闲旅游发展方面，依托沿长决线乡村旅游发展带和环长潭湖生态休闲圈，充分挖掘半山村的优势旅游资源和与富山大裂谷景区的联动效应，以慢生活健康旅游为主题品牌，以群山、竹海、梯田、梨花为特色，设置休闲民宿、农耕体验、度假观光类项目，把半山村建设成为台州黄岩区西部乡村旅游的重要节点，重点以休闲民宿作为半山村建设的驱动力量；在生态居住发展方面，以生态山居、生态水居、生态院居为主题，创造良好的居住条件，梳理并协调老村和新村的空间肌理，提升和改善村民的生活品质。

4.3 规划设计定位

通过对半山村相关规划的研读解析，以及对村庄基地的深入调研与梳理，确定半山村村庄设计的定位：利用入选中国第三批传统村落的良好契机，延续群山环抱，逐水而居、错落有致的村落格局，保护传统村落肌理与形态，以乡村休闲旅游和生态居住为发展方向，挖掘"梨花胜境·隐逸半山"的村落特色品牌，把半山村建设成为以古道文化为底蕴，以自然山水、谷地花海为特点，以生态休闲为主要旅游特色的山地型传统村落。发展以台州、永嘉为核心，辐射长三角区域的旅游客源市场，使半山村成为黄岩西部沿长决线美丽乡村发展带、环长潭湖生态休闲圈的重要旅游节点。

4.4 半山村乡村空间布局控制

（1）村域空间布局

依据"群山环抱，一水中流，循谷地西北高东南低，山、水、村融为一体"的整体空间格局，半山村的乡村规划形成"一心两带六谷"的空间布局（图1-4-1）。

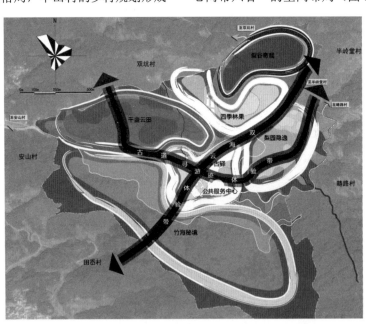

图1-4-1 《半山村传统村落保护与发展规划》村域空间规划布局图

一心：即"核心旅游吸引区"，是"乡村隐逸＋休闲养生"的主要功能区。

两带：指两条风情景观带，分别为"古道寻迹"和"双海云游"景观带。"古道寻迹"是沿着黄永古道，由"高山葵园—云裳梯田—千年古村—梨园胜境—精品民宿"组成的景观带；"双海云游"是由"竹海漫步—竹屋酒店—隐逸半山—山间小屋—四季果园—云海日出"组成的景观带。根据规划分区，结合道路，创造出层次丰富的景观流线变化。

六谷：包括六个特色精品谷，即半山隐心谷、云田悦心谷、竹海幽心谷、梨园养心谷、林果乐心谷和富山大裂谷。其中"半山隐心谷"有"乡村民俗展示＋旅游综合接待服务＋隐逸文化体验"；"云田悦心谷"有"田园摄影观光＋有机农业生产加工＋亲耕体验"；"竹海幽心谷"有"竹海猎奇＋竹林酒店＋户外徒步＋竹编制品手工坊"；"梨园养心谷"有"梨园观赏＋养生度假＋户外活动＋情感象征"；"林果乐心谷"有"四季果园＋山间民宿＋鸟语花香"；"富山大裂谷"有"日出云海＋地质奇观＋户外野营基地"。

（2）空间格局规划控制

半山村的空间格局规划控制强调维护和延续"群山环抱，一水中流，循谷地西北高东南低，山、水、村融为一体的整体空间格局"；维护原有村落"以溪流为主要发展轴，各居住片区呈团块状沿溪串联生长，村落与山体边界自然契合的枝状结构"；新建片区顺应山势向东北翼延伸，契合山体呈自然生长状。新区与旧区以马鞍形山脊加以分隔，保障老区的空间格局基本不受影响（图1-4-2）。

（3）空间格局的视觉通廊控制

空间格局控制主要强调维护和延续原有村落"以半山溪为骨架向山体延伸的视觉通廊体系"，向山体延伸的通廊处于各个片区的交界处；突出"显山露水"为核心的视觉通廊，将最佳水景和山景引入村庄腹地，打通半山溪和周边山体的空间和视觉联系，还原山水间的原生联系脉络；梳理视觉通廊所处的巷道、观景平台，清理不协调景观要素，拆除和整治对视觉通廊有破坏性的建筑和构筑物；新建片区利用凹谷冲沟处的地形设置视觉通廊，延续山体上下之间的空间脉络联系（图1-4-3）。

（4）村庄空间肌理与风貌控制

强调维持村落以溪流、车行道路、街巷为骨架，建筑紧凑布局的肌理。新建道路不应打破原有肌理骨架，要素密度不应有明显变化；维持村落受地形影响呈现的不同肌理，核心区沿溪流为带状、沿山体为带状、内部为块状，过渡区为散点状；新区建筑的肌理应顺应地形地貌形成骨架，控制适宜的要素密度，整体肌理要和原有村落相协调。

村庄风貌控制划分为核心保护区、过渡区和新区，风貌控制强调核心保护区以保护和更新的方式保持和恢复村庄的传统风貌。对建筑风貌实施严格的控制，历史建筑实现修旧如旧，其他传统风貌建筑利用传统建筑材料并延续传统建造工艺，与传统风貌建筑不协调的现代建筑采用适宜的方式更新实现与传统风貌高度协调；对建筑风貌实施管理和引导；过渡区以整治的方式使建筑风貌与核心区相协调，尽量使用传统建筑材料和建造工艺，部分可以用新材料代替传统材料；对建筑风貌采取积极引导，强调新区建设要通过提取和转换的设计方法延续村庄传统风貌，可以用新材料替代传统材料进行新环境和新建筑的建设。

（5）空间序列构建：轴线、节点、空间序列体系

延续和突出以半山溪及黄永古道为骨架的滨水主轴线，展示半山村滨水山地村落特征。增加沿山车行道路为骨架的沿山副轴线，丰富村落观赏角度和空间层次感。梳理民居院落、街巷组成的巷道支轴线，形成视线通廊及富于乡村趣味的游览路线轴线；在各轴线沿线及道路交叉口，结合地形、建筑、景观、观景平台形成空间节点，构建具有场地特色的空间形象，增加轴线序列的节奏感和观赏性；形成各具特色、互相联结的空间轴线和节点，共同构成村庄的空间序列体系，形成多层次、多角度观赏及游览路线的空间序列体系（图1-4-4）。

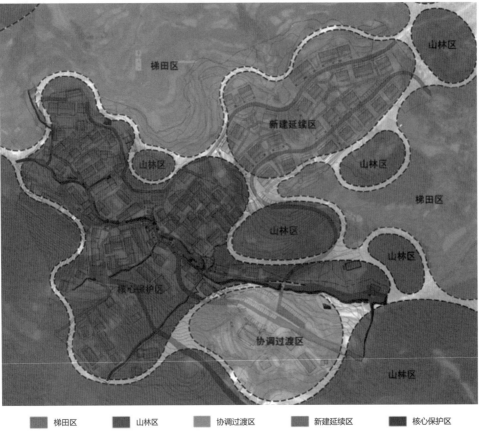

梯田区

山林区

新建延续区

山林区

山林区

梯田区

山林区

核心保护区

协调过渡区

山林区

| ■ 梯田区 | ■ 山林区 | ■ 协调过渡区 | ■ 新建延续区 | ■ 核心保护区 |

图1-4-2　《半山村传统村落保护与发展规划》空间格局规划控制

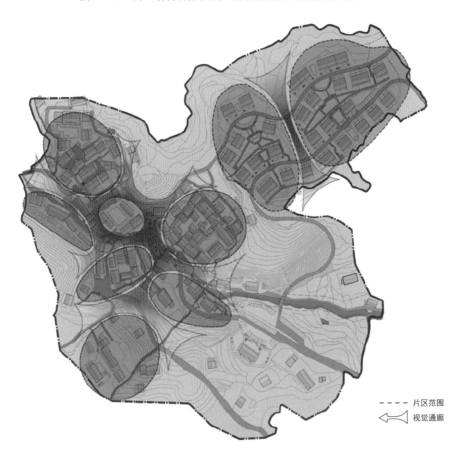

- - - - 片区范围

◁ 视觉通廊

图1-4-3　《半山村传统村落保护与发展规划》视觉通廊规划控制

滨水主轴	
沿山副轴	
组团支轴	
观景平台	
景观节点	
院落空间	

图1-4-4 《半山村传统村落保护与发展规划》空间序列建构

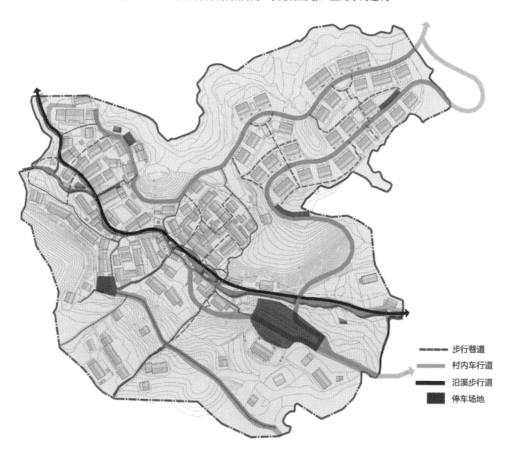

步行巷道	
村内车行道	
沿溪步行道	
停车场地	

图1-4-5 《半山村传统村落保护与发展规划》村域交通系统规划

乡村空间和景观保护与更新发展总体规划

4.5 交通系统组织

为提高村域内交通便捷性，村庄的交通结构分为车行系统和人行系统，其中车行道路规划在村庄东南长决线两处不同高程处分别引入两条车行道至原有村庄入口处和山腰腹地，在村口处引支线至新建区，并在新建区东侧与原有至富山大裂谷的车行道衔接。规划方案在提高与对外交通可达性的同时，完善了村域内车行道路系统，使其连环成网；人行系统以步行巷道为车行道间的便捷联系通道，亦是进入各庭院各户的通道。在原有村落内的文化礼堂东侧和村庄西北处各增设步行道路连接原有步行系统。同时，规划在村域内设有两条主题徒步线，连接原有步行系统，使整个村落呈"环形＋放射"状的步行交通，可分别抵达村内及周边村庄居民点，使车行和步行交通能转换自如；在村庄入口处设置两处集中式停车场，可停车 56 辆，并在新建区入口东端设小型停车场，停车 28 辆。同时，在各户入口设置停车位，满足未来发展需求[6]（图 1-4-5）。

4.6 产业规划与项目策划

半山村原始产业结构单一，主要以高山蔬果、高山笋竹、高山水稻等农产品种植为主导，以及食宿型的农家乐。随着时代发展，传统村落面临着现代化转型，这种转型更多的是依托乡土资源与乡村旅游新需求的有机契合，从整体规划上将半山村的生活、生产、生态与乡村旅游价值链相融合，大力拓展"旅游＋"战略，发展全域旅游。结合田园旅游景观与农业生产，依托梯田、梨园等田园景观，将体验与观光、农业与旅游互动融合，打造地域性农业旅游产业；深度挖掘半山村地域文化景观，盘活传统民俗活力，保护与再造乡村意向，将文化创意与乡村旅游相融合，结合对半山村乡土建筑的保护性开发利用，重置建筑使用功能，重新激活乡土建筑生机，融入传统民俗风情体验，定制半山旅游节庆年历。打造融农业、工业、商业等多业态于一体的产业格局，有效配置和协调整合"食、住、行、娱、购、游"旅游六要素，并围绕旅游要素进行产品内容创新、产品形式创新、产品类型创新等，拓展更大的乡村旅游市场空间，创造出更具市场竞争力的乡村旅游新产品与新服务。半山村要以原有农家乐、梨花节、古驿道和高山果蔬、高山笋竹等特色项目与产品为基础，进一步挖掘可以发展特色乡村旅游产业的资源，开发和打造新型旅游产业业态。重点发展"旅游＋"产业；通过旅游景观与农业发展相结合，重点发展农业旅游；通过开发传统文化资源，重点发展文化旅游；通过与企业联合建立自然环境保护基地，重点发展生态旅游。根据上述功能定位及产业规划，结合资源要素的时空分布特征，提出半山村村域空间发展具体的项目策划，从而激发半山村旅游活力，吸引不同阶层、年龄阶段的旅游客群。乡村旅游的规划与开发，势必会对半山村的旅游服务功能提出新需求，结合半山村"赏""养""隐""悟"的保护开发思路，为半山村量身策划和定制系列旅游产品项目（见表 1-4-1），在以"赏"为主线的思路下，针对普通家庭目标客群，开发滨水揽胜及古村观光的主题旅游。滨水揽胜主题以亲水平台、溪鱼观赏、溪水垂钓、溪边游玩、溪边野餐、咖啡茶座等为主打旅游产品。古村观光主题以梨花胜景、古村神韵、古道寻迹、裂谷奇观、云中梯田、四季采摘、乡村工坊、乡村集市等为主打造乡村旅游产品；以"养"为主线的思路下，将目标游客定位为有较高生活品质追求的中青年及老年群体，打造户外健身及颐养康体主题。户外健身主题以室外露营、登山攀爬、溯溪徒步、越野骑行等为主打造多元化的乡村运动休闲旅游产品。颐养康体主题注重乡医理疗、竹林氧吧、养生会所等医养保健方面的康体旅游产品的打造；以"隐"为主线的思路下，将普通家庭定位为目标客群，提供以农艺体验、民宿餐饮等深度体验为主题的旅游产品。民宿餐饮主题以山村民宿、企业会所、树屋度假、帐篷酒店、青年旅舍、精品民宿、轻餐饮、沿溪茶座、茶肆、茶亭、半山茶楼、农家菜等为主要乡村旅游产品，结合农夫市集、竹编、草编、作物种植、畜禽养殖、特产制作、酿黄依曲酒、制作蕃莳面、古法造纸等提供游客多方面的乡村农艺体验内容；以"悟"为主线的思路下，以佛缘之人、悟道之人、文人、艺术家、旅居者等作为主要目标客群，将参禅悟道和体验民俗风情作为乡村旅游主题。参禅悟道以半山书院、养心素心坊、禅修别院、竹林精舍等为主要旅游产品，重点打造半山梨花节、三月三庙会、清明祭祖、古道寻迹等具有半山村特色的民俗风情体验活动。通过以"赏""养""隐""悟"为主题线索，契合"梨源古驿，隐逸半山"的规划发展主题，将半山村的保护与发展有机融合。定位目标客群，开发具有地域性特征的旅游产品。以乡村体验和度假休闲为主要内容，提供多元丰富的旅游产品，帮助游客远离都市的快节奏与喧嚣，探寻内心的宁静与平和。半山村当地特有的群山、溪水、梯田、竹海、梨花，以及传统建筑风貌、民俗生活文化等自然与人文资源为发展乡村旅游提供了得天独厚的条件。

表 1-4-1　半山村乡村旅游系列产品项目

主题	赏		养		隐		悟	
	滨水揽胜	古村观光	户外健身	颐养康体	民宿餐饮	农艺体验	参禅悟道	民俗风情
产品项目	亲水平台 溪鱼观赏 溪水垂钓 溪边野餐 咖啡茶座	古村神韵 梨花胜景 古道寻迹 裂谷奇观 云中梯田 四季采摘 乡村工坊 乡村集市	室外露营 登山步道 溯溪徒步 黄岩攀爬 沿山骑行	乡医理疗 竹林氧吧 养生会所	山村民宿 企业会所 树屋度假 帐篷酒店 青年旅舍 精品民宿 沿溪茶座 半山茶楼 农家菜	农夫市集 竹编 草编 作物种植 畜禽养殖 酿黄依曲酒 蕃莳面制作 古法造纸	半山书院 养心素心坊 禅修别院 竹林精舍	梨花节 三月三庙会 舞龙 清明 端午 春节
目标客群	普通家庭		有较高生活品质追求的中青年和老年群体		普通家庭		悟道之人、文人、隐士、旅居者等	

4.7 半山村乡土建筑
环境保护、更新与再利用

　　半山村的乡土建筑具有鲜明的地域性特征，在乡村发展建设中需要立足于自身优势资源，在确定未来的发展定位及方向后，严格控制和规划好乡村空间格局，针对乡土建筑环境保护与更新要优先满足乡村聚落的基本居住功能，通过保留、修缮、更新等建设工作，完善乡村生活配套设施，满足新时代村民的居住需求，营造高品质的居住空间。通过对村庄的系统性规划设计，结合乡村旅游产业发展，对破损和闲置的房屋采用修缮和改造等建筑处理方式，运用功能置换与重置的方式进行有效利用。为半山村发展注入新的活力，可利用村民的闲置住宅开办乡村民宿，将半山溪两侧闲置的老建筑改造成休闲茶饮、小卖部、传统手工艺店等，满足游客和村民的消费需求，同时解决部分村民的就业问题（图1-4-6）。

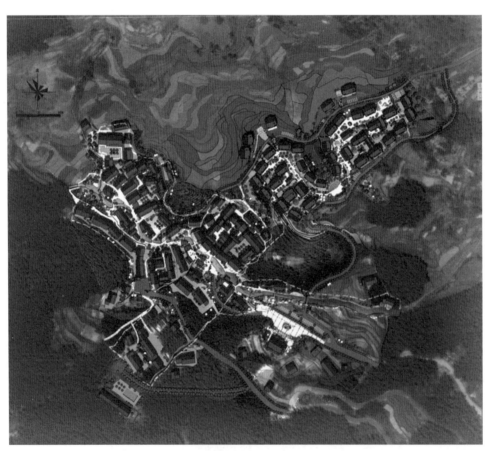

图1-4-6　半山村规划总图（课题组规划团队设计方案）

　　半山村乡村旅游开发与设计需要与乡村基础设施建设、改善人居环境、保护乡土民俗文化、推进产业结构改革、转型升级和引导旅游消费等方面相结合，深度挖掘及利用半山村乡土文化内涵，打造文化创新产品及具有文化内涵的旅游服务，探索半山村乡土建筑环境适应性更新的可持续发展形式，构建乡村旅游核心吸引力，保持乡土文化发展的连续性，延续乡村风貌的原真性，推进乡土建筑的传承与创新，努力提升乡村文化传承与乡村经济融合发展的活力和水平。针对半山村乡土建筑的现状条件、村庄空间格局及目标客群的定位，紧密围绕以"赏""养""隐""悟"为基础的半山村乡村旅游保护开发思路，通过对乡土建筑的改造和利用，营造具有地域性特征的乡村旅游氛围，努力打造乡村旅游配套服务体系，将食、住、行、娱、游、赏、养、购等乡村旅游服务要素与半山村乡土建筑的更新改造结合起来，利用好半山村的特色资源，推动乡村旅游业协同发展，为半山村三产融合，产业结构优化和产业链扩宽提供发展的物质空间。

半山村现存的较为原生态的村庄肌理、空间形态和乡土建筑为发展乡村旅游提供了良好的基础，在半山村风貌保护核心区范围内，针对乡村旅游对餐饮、住宿、商业等配套服务设施的需求，可根据定位和功能布局，结合乡土建筑与环境的风貌保存现状，在不破坏半山村现存古朴风貌的基础上，对其进行原真性保护利用、生活性优化利用和服务于乡村旅游新业态的更新利用设计，积极寻找乡土文化与现代生活方式的契合点，为半山村振兴注入新活力，实现乡村乡土建筑环境适应性保护与更新和乡村旅游产业的可持续性发展。

半山村的村庄规划确定了"梨源古驿·隐逸半山"，建设全域景区化乡村休闲度假旅游综合体的目标定位。从整体和局部两个层面，对村落整体空间格局、空间肌理、建筑风貌、建筑高度和视线通廊等方面加以控制和引导，有效指导村庄山水、田园与建筑的空间形态关系，以及节点景观、环境设计等方面进行设计与建设工作。在村落整体格局方面，保护群山环抱、谷地溪水、梯田花海特征的山地形态与风貌；村落建筑格局方面，保护依山就势、逐水而居和错落有致的建筑格局；村庄肌理控制方面，保护具有空间秩序与意象的村庄肌理特征、灵活自由的村庄布局形态，保持层次清晰的村落街巷结构；在半山村的景观环境塑造方面，着重打造沿半山溪的景观空间轴。针对半山村沿溪主轴线景观设计的主要目的在于优化村庄现有环境，丰富景观层次，将村域内各个组团景观节点打造成一条贯穿整个村落的景观轴线，使沿溪景观呈现出不同的视觉感受，从而提升半山村的整体景观形象[7]（图1-4-7）。

图1-4-7　总体设计鸟瞰图（课题组规划团队设计方案）

第二部分

半山村景观形态保护与发展的设计实践

Design practice of landscape form protection and development at Banshan Village

1 传统村落景观形态保护
与发展的作用与意义

1.1 景观形态是传统村落
保护发展的重要载体

　　我国城镇化进程中体现中国农耕文明的传统村落正在逐渐消失，传统村落保护发展体系的建立是对乡村文化遗产进行抢救和保护做出的一项开创性工作。基于我国新型城镇化和乡村振兴战略目标的实施，针对传统村落保护与可持续发展理论体系进行研究探索，综合运用可持续发展和景观形态学理论，提出景观形态作为传统村落保护的基本载体，构成传统村落形态的基质和风貌。景观形态是传统村落整体性保护发展建设的切入点，把传统村落景观形态作为一个生命的有机体，突出整体性活态传承保护的理念与方法。为了更好地实施传统村落的保护发展工作，需要完善和建立传统村落保护发展的理论体系，探索景观形态保护发展的观念与路径，促进传统村落的可持续发展建设实践。

　　在人类发展的历史上，乡村一直是悠久而传统的聚居地，记载着农耕文明的历史和文化。中国的乡村是中华文明的摇篮，传承着民族的历史和文化记忆。中国城市科学规划设计研究院院长方明认为，中国是历史悠久的农业大国，中华文明的核心内容是农耕文明，而真正承载、体现和反映中华农耕文明精髓和内涵的，就是现在还依然幸存的那些传统村落。正确认知传统村落价值，在目前的形势下尤为重要。未来中华文明及建筑文化的复兴应该去传统村落里取经，因为那里有中华文明及文化的基因。[8]中国传统村落的景观形态是依托聚落、建筑、道路等物质载体得以呈现和存留，这些传统村落的载体形式是传统文化保护和延续发展的主要内容。传统村落景观形态产生和形成于生产生活中，具有独特的形态与风貌，在一定层面上代表着一种和谐的人类聚居文化，这种和谐是自然与人文相互作用的结果，是几千年来先民智慧劳动所达到的境界。传统村落在个体的环境条件下因地制宜逐渐形成，具有独特的地貌形态、植物形态、水体形态、村落形态、建筑形态、道路形态等，这些景观形态作为体现传统村落形式特征的重要载体，构成了传统村落整体形态的基质和风貌，记载着农耕文明的历程和文化记忆。从景观形态学的角度针对中国新型城镇化和乡村振兴战略的实施，探索新时期我国乡村建设路径和方法，开展传统村落保护与可持续发展设计研究具有积极的意义和价值。[9]18

　　景观形态学作为现代美学体系的组成部分，探究人的意志对自然的改造和造物实践的文化价值，以及人与自然之间的审美关系。可以把传统村落的形态看作是一个具有生命的有机整体，这个生命体遵照一定的逻辑原则以及可持续发展的规律而演进，体现人类在自然环境与社会环境的作用下对聚落环境形成的作用，同时也深刻影响着生态系统的审美关系和生活方式。吴家骅教授在《景观形态学—景观美学比较》一书中认为：景观形态学研究内容主要是对景观美学价值进行研究，并将建筑、景观设计与美术联系起来，发展一种跨学科的研究领域。这涉及到了哲学、艺术和环境研究的学术体系，同时它能够解决文化背景、空间环境与人类的生产生活相脱节的问题，来适应对环境质量不断增长的需要。景观形态学包含的内容十分广泛，涉及很多因素，这些因素概括为逻辑、情感与形式。逻辑即理性的思维，情感即感性的思维，形式即形象的思维。其中，形式作为媒介将逻辑与情感从概念转变为实际的景观形象，提供了一个使用景观设计空间语言的基本框架。[10]传统村落的形式主要由乡村景观形态展现，基于自然因素的景观形态主要由地貌形态、植物形态、水体形态等构成；基于人文因素的景观形态主要由村落形态、建筑形态、道路形态等构成。然而依托自然和人文因素构成的景观形态彼此并不是孤立存在的，他们相互作用、渗透和影响，构成相互关联的传统村落景观形态体系。体现形状与结构之间密切关联的认识和探索，导致了以研究某一主体同与它密切相关的内外部因素的相互影响，相互作用关系的形态学学科的产生。[11]景观形态体系对村落整体的空间布局、生态环境、文化传承起着至关重要的作用，对这一观念的理解和认识有助于建立传统村落整体性保护与发展建设的意识和观念，以及系统性地开展实施和操作。

在"自然过程"和"历史过程"的双重因素影响下，对乡村外在形状和内在文化结构产生的作用，反映了一个地区作为一个生命体的景观形态在时间、空间上的特征表现。外在形状可以被理解为是受到自然因素作用下的自然景观形态；而内在文化结构则可以看作是经过历史、文化因素影响后的人文景观形态的体现。从整体角度出发，自然景观与人文景观的相互影响和作用才是一个完整的景观形态复合体。文化地理学领域的学者首先在对城市的研究之中引进了形态学的概念，目的是把城市当做一个有机的生命体来对其形态的研究，从而了解它生长的规律和发展的逻辑，[12]进而建立起关于城市发展分析的理论。德国地理学家施吕特尔（O. Schluter）认为，城镇形态是由民居建筑、集聚的社区以及道路路径等要素所构成，主要研究对象包括城镇整体外观和城镇景观载体等方面的物质形态，并认为它是一种独特的文化景观类型。乡村聚落更是经过长期发展形成的物质要素形态，也是由构成聚落的各种要素形态和聚落整体外轮廓形态组成，主要包括村落景观形态元素构成的山林田地、民居建筑等组成的空间布局，街巷路径和水系的组织关系，节点空间的串联构成的多种景观现象等形态要素相互组成的内容集合，这些景观现象正是乡村聚落的组成部分，因而对村落景观形态的分析研究就是对传统村落形态组成要素的分析研究。

在我国城镇化快速发展的进程中，传统村落景观形态发生着剧变。基于传统村落景观形态急需保护的现实需求，本项目研究强调以景观形态学的理论为支撑，以传统村落半山村为研究对象，通过实地调研和资料文献的整合分析，综合自然影响因素和人文影响因素两个方面的内容，将半山村景观形态分为自然景观形态和人文景观形态两类。根据村落发展的特点分析自然因素影响下的聚落自然景观特征，并重点分析在自然景观的基础上受到人文因素影响而形成的聚落景观特征。以宏观、中观到微观层面的具体分析，全面认识半山村在景观形态方面的总体特征。从而提出半山村景观形态所面临的保护与传承的困境，即村落空心化与人口流失的问题，传统文化的传承延续危机，村民的审美意识和情感传承危机等现状问题，指出传统村落可持续发展离不开对景观形态的保护与传承。基于景观形态学的特性，力求系统地将半山村景观的可持续发展转化为可具体实施的策略和方法。提出对半山村景观形态保护与设计实践的手法，强调整体规划聚落格局，从重点核心景观带入手控制风貌，并充分建制风貌，充分建立组团单元，带动周边过渡区的发展，力图实现系统性的策略目标，逐步完成半山村景观形态的保护发展和设计实践研究，并为传统村落景观形态保护发展研究提供经验借鉴的案例。[13]

1.2 景观形态是传统村落整体性
保护发展建设的切入点

　　传统村落的景观形态是自然形态和人文形态的复合体，作为人类聚居环境的基本背景，本质上是自然和人文相融合的有机整体。景观形态强调综合体现传统村落外在的形式和内在的文化特征，外在的形态由景观元素构成，内在文化特征由形成传统村落的逻辑关系和人文情感构成，通过理性、感性和形象思维的有机活动将景观形态呈现出来，反映了景观形态从视觉现象到文化本质的相互联系，呈现出传统村落景观形态的有机秩序。理解景观形态的生成与内在关系，建立整体性保护与发展的意识，将会避免传统村落的建设实践走进表面化、片面化和局部化的误区。基于中国传统村落评价认定指标体系和传统村落保护发展规划编制基本要求，以景观形态作为传统村落整体性保护与发展建设的切入点，构建全方位的景观形态保护与发展思路，建立宏观、中观、微观三个层面的景观形态保护与发展建设实施体系。

　　第一，宏观层面体现在对传统村落整体风貌与景观形态的认知和保护方面，主要包括：地形地貌形态、村落肌理形态、河湖水系形态、农田植物形态、景观视廊形态等与自然原生密切相关的乡村聚落形态内容。传统村落宏观层面的景观形态与村落选址有密切关系，村落在营建形成过程中强调与自然的有机融合，顺应山水地形，形成丰富多变的村落风貌形态。反映出不同地理环境因素的影响和作用，由此产生了具有突出地域性特色的传统村落。英国哲学家罗素早在20世纪前叶就指出"典型的中国人希望尽可能多地享受自然环境之美"，概括出我国传统村落的人居环境大多融合在自然山水之中的文化特征，体现了人与自然的和谐关系。与自然环境相融合的村落选址与布局具有内在的逻辑与情感特质，建造中遵循了整体性、有机性、多样性原则，符合自然与生态伦理的规律。针对传统村落宏观层面的景观形态保护发展规划设计与建设，不能只从关注外在的形式入手，更要由表及里地结合外在和内在两方面的生成关系，进行感性与理性相结合的分析研究，制定保护村落传统格局与整体风貌的发展规划，以此实施建设工作。

　　第二，中观层面体现在对传统村落各类构筑物的风貌与景观形态的认知和保护方面，主要包括：民居建筑形态、街路骨架形态、空间场所形态等与人居生活环境密切相关的乡村聚落形态内容。传统村落中观层面的景观形态与村落所在地的自然资源条件同样密不可分，不同地区的气候、地貌、土壤、植被、河流等自然条件不尽相同，必然形成各具风貌特色的建筑、街路和场所的景观形态，表现出与自然相结合的特征。尤其在民居建筑形态方面体现得极为突出，英国科学技术史专家李约瑟曾提出"中国人在一切其他表达思想的领域中，从没有像在建筑中这样忠实地体现他们的伟大原则，即人不可能被看作是和自然界分离的"观点。由此看来，中观层面的景观形态营建强调以宜居为原则，因地制宜，就地取材，满足人的生活与传统审美需求，同样形成了顺应自然为主旨的建设观念和思想。

第三，微观层面体现在对传统村落人居生活行为形成的器物式样与风貌的认知和保护方面。主要包括：人居行为场所中的家具、农具、工艺品等生活器物和装饰纹样形态。乡村中这些与人的生活劳动密切联系的小尺度、实用性的器物和传统装饰物体，具有丰富多彩的形态和式样，是维系传统村落文化活态传承的基础，他们是人们在一定的生产和生活过程中形成对所居住环境适应性的体现，并作用于人的行为方式，潜移默化地影响着传统村落景观形态的产生，通过微观层面的生活器物实现人与人、人与物之间的情感交流。人是乡村生活的主体，乡村文化的传承在于人与村落的一体性，人的行为构成乡村文化延续的核心。微观层面的景观形态保护与发展建设，重要的是将器物的形态与生活文化情感有机结合，正是这些情感中的文化精神元素使人把相关的器物与场所联系在一起，从而理解微观层面景观形态的文化和价值。综上所述，传统村落景观形态的整体性保护，应建立在宏观、中观、微观三个层面的整体性、有机性的保护与发展建设体系之上。[9]20

1.3 景观形态整体性活态传承
促进可持续发展

可持续发展是全方位考虑人与自然、人与环境协调发展的途径，有利于将人类生存的环境和自然的关系恢复到平衡状态的方式。世界环境与发展委员会（WCED）指出："持续发展是既满足当代人的需要，又不对后代人满足其需要的能力构成危害的发展。"传统村落保护与可持续发展战略目标的提出和确立，其核心是处理好保护与发展的关系，由此使传统村落景观形态保护与发展建设理念和实践工作提升到一个新的高度。从中华文化传承与复兴的高度推动乡村风貌的重塑是新时期中国文化建设的重要内容，对传统村落中的物质文化遗产和非物质文化遗产的保护和传承更是一项系统工程，在中国现代化与乡村振兴建设进程中迫切需要转变保护与发展观念，构建传统村落保护体系，注重传统村落的物质文化空间与形态的整体性保护与可持续发展建设。传统格局、传统形态和整体风貌的研究与建设是中国传统村落保护与发展的重要组成部分。景观形态作为传统村落的物质基础和背景是保护和可持续发展建设研究的一项重要内容，需要提高对传统村落景观形态内涵和价值的认识，完善全方位、系统性的保护规划方案的研究与编制，提高传统村落整体性和系统性的保护与发展建设水平。

倡导传统村落"活态传承"的理念与方法，对目前传统村落保护与整体性的可持续发展将会起到积极的促进作用，以此开启传统村落景观形态保护与可持续发展的新思路以及开辟新领域。传统村落"活态"的传承方式相对于"静态"的传承方式具有本质上的区别。活态传承的外延在当下可以进一步深化与拓宽，我们可以将"活态传承"从广义和狭义两个方面理解和认识。狭义的"活态传承"概念与内涵已被人们普遍理解，是指在非物质文化遗产生成发展的环境当中以传承人的方式进行保护和传承，强调非物质文化与文化技艺传承人的关系，使非物质文化遗产得以传承与发扬光大[14]；广义的"活态传承"是指在人类发展的不同阶段，以满足人的生产生活需求为目的，在与时俱进理念指导下，对文化遗产进行保护与可持续发展的传承方式。广义的活态传承可以是针对物质与非物质两方面的文化遗产的融合性传承，具有整体性、有机性、动态性、时代性的特质，强调在物质与非物质领域的深度和广度上拓展活态传承的内涵和方式，打破单一形式的界限。

　　基于广义的传统村落景观形态的"活态"传承可以从宏观、中观和微观三个方面认识与理解，以此深化和推进传统村落的保护向可持续发展建设的目标迈进。宏观层面的传统村落景观形态领域的活态传承体现在具有物质文化属性的地形地貌形态、村落肌理形态、河湖水系形态、农田植物形态、景观视廊形态等方面，与具有非物质文化属性的自然观、宗教、艺术、哲学等精神文化相互联系与作用，构成宏观层面的有机整体；中观层面的传统村落景观形态领域的活态传承体现在具有物质文化属性的民居建筑形态、街路骨架形态、空间场所形态等方面，与具有非物质属性的自然观、文化习俗、传统技艺、实践经验等精神文化相互联系与作用，构成中观层面的有机整体；微观层面的传统村落景观形态领域的活态传承体现在具有物质属性的人居场所中的家具、农具、工艺品等生活器物和装饰纹样形态等方面，与具有非物质属性的生活方式、技艺方法、礼仪活动、实践经验等精神文化相互联系与作用，构成微观层面的有机整体。以上三个层面传统村落景观形态的有机构成，具有生命共同体的特征。以此为前提，景观形态的活态传承体现在物质形态与精神文化的一体性，两者之间存在着因果关系，所以传统村落的景观形态保护发展，不只是外在物质形态的保护和延续，更是由表及里的整体性保护发展，是生命体现的活态性保护发展和与时俱进的时代性保护发展。[9]20

1.4 景观形态保护的必然性与营造的可行性

　　（1）保护的必然性：在乡村文化的传承与传播过程中，传统村落的结构与形态发生了多种形式的改变。一方面，乡村文化在传承或传播过程中为了适应环境的变化，往往会产生一定的变异，从而获得更好的传承或传播形式。另一方面，现代文化凭借其自身的特点和优势不断地进行传承或传播，进一步影响了乡村的文化特性。半山村在传统民居建筑方面，出现拆除具有地域特色的古建民居，转而改建为仿欧式风格的西式建筑的现象，破坏了整个传统村落气韵悠长的主色调；景观形态方面，一味追求"大广场""宽马路"等城市景观形式，乡村建设与城市建设同质化；在基础设施方面，采用了大量混凝土材料，诸如田间地头的混凝土路面、混凝土浇筑的水渠、混凝土加固的河岸等，强烈冲击了传统的乡村生态景观；传统文化方面，原本依附于田野的本土文化与民俗风物遭到外来文化的冲击，甚至被取代和瓦解。这些改变都反映了乡村传统景观形态亟待得到针对性的保护。

　　（2）营造的可行性：1999 年国际古迹遗址大会在墨西哥通过了《关于乡土建筑遗产的宪章》，国际社会第一次对乡土文化的价值认识和保护达成共识。在这样的国际大背景下，乡村保护和更新的研究与实践在我国得到全面发展。与此同时，乡村建设的主体也日渐多样化，村民、建筑师、高校科研团队、建筑事务所和设计院陆续进入乡村，从各个角度出发对其进行研究，使得村落的保护与发展营造产生了多种可能性。半山村在这样的背景下，通过以景观形态学理论的支撑，研究分析出村落的特征，并制定相应的保护更新策略和规划设计实践方案，针对村落保护性发展建设的迫切需要，重视传统村落环境与现代社会的协调，对文化遗产进行保存和传承，以村民作为建设的主体，推动特色产业的发展，使村落能够有机地更新，得到可持续地发展。

传统村落的景观形态作为农耕文明宝贵的文化资源和传统文化的重要组成部分，要以整体性保护与发展建设为切入点。在保护与发展方面要秉承有机融合，活态传承发展的原则与规律，充分认识保持景观形态原真性的生命基因是可持续发展的基础。从宏观、中观和微观三方面入手进行整体性的活态传承保护与发展建设，系统性地保护传统村落乡土特色的景观形态特征与文化风貌，使传统村落景观形态在乡村经济发展与产业转型升级中能够综合利用，发扬光大，创造新时代的价值。遵循美学体系的逻辑原则和发展规律，倡导生态观念，进一步尊重自然、保护文化，保留原有的景观形态和文化特征，把可持续发展理念贯穿于传统村落保护建设发展的全过程中。整合乡村物质与非物质文化传统资源，强调保护原有的村落风貌，包括原有村庄形态、建筑形态、器物形态，保持与自然环境的关系，挖掘具有当地特色的村落文化内涵，把乡村特有的景观形态打造成一种文化特征与符号，结合村落建设弘扬中国农耕文化内涵，使乡村现代化与城镇现代化协同发展。建设能够满足宜居生活要求的、与时代发展相和谐的，具有中国特色的美丽乡村。[9]21

1.5 乡村景观形态的可识别性与适宜性

传统村落是不可复制的历史文化遗产，又是珍贵的旅游资源，探讨以发展乡村旅游业促进半山村的可持续发展建设是实现乡村振兴的重要举措。以景观形态保护带动半山村景观设计，实践可持续发展战略目标的提出，意味着在半山村景观形态保护与发展方面，不仅要保护其原有的传统景观不受破坏，同时要对村落内的基础设施进行完善，满足现代人生活的需要，因地制宜地将自然环境与建筑、景观等形态风貌结合，相互作用相互映衬，以其自然纯朴的景观形态向世人展示半山村自然与人文、建筑与景观的和谐美。

对乡村的感受和认知来自于可识别性，而这种可识别性就是能够区别于其他乡村的独有地方特色，能够唤起人们对特定的时间和空间的精神感受和印记，进而让人去理解乡村的历史意义和文化价值。在半山村保护与更新的设计中，应该注意提取具有可识别性的、半山村特色的元素，运用到村落环境建设当中。一个传统村落是否具有适宜性，取决于其空间布局和建筑肌理是否与其周边环境相融合。要防止在保护过程中对环境的破坏，需要强化对村落自然环境的保护，处理好近期景观形态保护、开发与长远利益之间的关系，实现乡村环境生态的可持续发展。因此，要做到不对周围的自然环境造成人为性的破坏，并且达到和谐共生的目标，保持人与聚落良性与永续发展，村落的适宜性具体体现在人们在这个聚落中是否能轻松地进行日常活动。人与村落之间的关联性作用于村落的景观形态，不能忽视村民对村落的情感归属，以及被唤起的情感记忆。半山村作为沟通黄岩与永嘉两地之间，绵亘古道数百年的交往与贸易而逐渐形成的村落，是村民共同记忆的生活文化场所。村落想要留住人、吸引人就必须完善环境建设，使人们在村落生活中获得适宜、便利的感受。除了对传统村落进行改造也可以潜移默化地影响和改变人的行为，使人去适应乡村自然、顺应乡村环境，以形成合适的生存方式来更好地推动乡村可持续发展。

自然与人文因素对乡村景观形态的形成与发展产生重要影响，形成具有可识别性的景观形态特征。基于景观形态学理论对半山村所具有的特征进行分析，首先要对半山村的自然形态和人文形态进行梳理，着重挖掘村落的自然与历史文化要素和村落情感记忆，对这些要素进行整理并有针对性地进行保护与更新设计，努力打造景观形态特色。半山村景观特点是以一条贯穿东西的黄永古驿道串联了自然朴实的民居住宅，其间半山溪流潺潺，又有梯田、竹海等自然风光点缀其中，地域特点鲜明的景观中心和节点，沿溪形成景观重点保护区域和村落核心地带。村民在聚居过程中不断影响着周边的环境和事物，景观形态在演变过程中被潜移默化地赋予了人的情感记忆。同时，周围的环境也在反作用于人类，使人们在日常生活中获得对应的景观体验。在对村落进行环境保护与更新再利用的营造时，必须考虑到当地居民的情感因素，挖掘和保留能够唤起村民对村落产生自我认同感的景观元素。让村民加深理解所在乡村的文化背景、历史价值和美学价值，并能够意识到延续和发展村落文化与传统，以及保护村落形态的意义与价值。

2 半山村传统村落的 景观形态特征分析

　　人类活动依附在地表最直接、最醒目的景观是聚落[15]。聚落景观是传统村落"遗传"的基本单位，经过不断演变的聚落形态对其景观的形成具有决定性的作用。[16]因此，对聚落形态的研究分析是识别传统村落景观特征的重要方法和手段。传统村落从景观整体性角度出发，其聚落空间特征和聚居生活方式构成了聚落的外在形态，而外在形态具体表现在可见的物质形态上，包括聚落的地形地貌特征、空间的分布特征，建筑形态特征等。这些形态可以被理解为是受到自然因素作用的自然景观形态；同时聚落的内在文化结构则可以作为经过历史、文化因素影响后的人文景观形态的体现，而自然景观与人文景观的相互影响和作用才是一个整体的景观形态复合体。依据景观形态学原理和研究方法，从自然景观形态和人文景观形态两个方面入手，对半山村景观特征进行分类解析，并在此基础上探索对传统村落保护发展与设计的原则和内容。对于半山村景观形态的分类，根据构成其演变的影响要素和聚落景观形态的重要性因子，可以分为自然因素影响下的景观形态和人文要素影响下的景观形态两大类。在自然形态方面，气候降水和地形地貌对半山村的土壤、植被、河流、山体等特征产生了重要影响，从而影响了半山村的选址特征；在人文形态方面，由于人在聚落中的活动范围十分广泛，对景观形态造成的影响更加宽泛。从宏观的聚落空间布局、村落边界特征，到中观的道路路径、建筑肌理和景观节点，再到微观的民俗文化中隐含的形态特征，均受到人文要素的影响。

2.1 自然因素影响下的 半山村景观形态特征

　　乡村聚落在形成过程中，通常要经历选址—适应—发展这三个过程。选址是一个村落形成的首要阶段，人们基于生存需求在某一特定的时期选择某个特定环境位置来建造民居，渐渐形成一个聚居的场所。在自然生态系统中这种人为活动作用下形成的聚落空间环境，必然要对赖以依存的复杂环境要素进行适应，这不仅包括对特定自然环境的适应，也包括对特定社会文化环境的适应。自然环境与人为活动在不断磨合和适应的过程中实现不断融合与发展，最终形成具有地域特色的聚落环境。在生产技术落后的年代，人们只能顺应地形地貌就地取材来建造自己的住所环境，想方设法抵挡气候和诸多外来因素对生活的影响与威胁。随着时代的进步与发展，人们逐步探索出创造性的方式与方法，依靠改善居住环境形态来顺应不同的自然条件。所以，传统聚落形态也是随着自然环境的变化而逐步地发生着改变。

2.1.1 自然因素影响下的地形地貌形态特征

　　半山村东西南北四面环山，北临大片台地，村域内地势西高东低，南北两侧高、中间低，区内高程多在440米至475米之间。村域内的富山大裂谷为6000万年前花岗斑岩山体崩塌形成的现代冰缘地貌、山崩地裂地质遗迹，大小石块形态各异，是目前华东地区规模最大，保存最清晰的山崩地裂遗迹奇观。地质演变形成的山崩地裂景观展现出大自然的力量，这里峭壁险峻、地形绮丽，崇山峻岭、洞水长流，常年云雾缭绕，山地自然环境的地质风貌特征十分优美。始于明清之际的黄永古道是黄岩至永嘉的古官道，由东到西贯穿了整个半山村，这是一条古代地域性的重要交通枢纽（图2-2-1至图2-2-3）。

图2-2-1　鸟瞰富山大裂谷景区

图2-2-2　山林和梯田环抱的半山村

（1）   （2）

图2-2-3　富山大裂谷景观（1-2）

2.1.2 自然因素的气候降水对聚落形态的影响

在自然气候降水的作用下，对村落选址、建筑形式、土壤植被特征等方面都会产生重要影响，并形成当地独特的风貌特点。半山村由于地处山谷间，属于亚热带季风性气候，其气候宜人，温暖湿润，具有四季分明的特征。气象信息数据资料显示，该区域多年整体平均气温为15℃—18℃。其中一月份最为寒冷，平均气温为6℃；七月份最为炎热，平均气温为27.8℃，持续日照天数247.9天，年平均日照时数约为1955小时。半山村区域的平均降水量1950毫米，大部分降水时间集中在4—9月份，其中夏季降水量较多，形成梅雨期。同时因为受到副热带高压的影响，该地区容易有台风雨降临。所以，当地由于雨量充沛、雨水冲刷力度强且湿度大，当地的聚落民居多采用独院式建筑形式，屋顶采用坡顶黑瓦屋面以利于排水。建筑墙体以块石做基础，二层设木挑廊，并设有通廊柱，以便适应多雨潮湿的气候，由此形成半山村聚落建筑形态的特征（图2-2-4至图2-2-6）。

2.1.3 自然因素影响下的土壤植被形态特征

半山村由于地质地貌及气候降水的影响，其土壤主要有红壤、黄壤、水稻土三大类，且均为酸性土壤。半山村周边竹资源丰富，竹种类主要以毛竹为主。当地地带性植被以常绿阔叶林为主，但由于历史原因，农田以及竹林对常绿阔叶林的破坏较为严重，因此村域内的植物种类比较单一。通过实地调研发现，从村头至村尾，沿主干路多为错落有致的梨树散布，且数量较多，梨树是半山村具有特色的植物（图2-2-7）。但其他乔灌木的分布不均，而且种类稀少，由此导致了村内植物景观层次单一，缺乏季相变化。

图2-2-4　半山村民居建筑

图2-2-5　民居建筑的挑廊

图2-2-6 民居建筑的屋檐构造

（1）毛竹 　　　　　　　　　　　　　　　　（2）梨树

（3）红豆杉 　　　　　　　　　　　　　　　　（4）香榧树

图2-2-7 半山村具有地域特色的主要植物（1-4）

2.1.4 自然因素影响下的河流山体形态特征

半山溪自西向东奔腾而下穿越半山村，村北子母坑溪流在村内的新桥头也汇入半山溪。半山溪属于典型的山涧溪流，溪水清澈见底，水量枯丰不均，水位变化较大，全长 800 多米，在村庄南侧汇入黄岩溪流入长潭水库（图 2-2-8）。整个半山溪以黄庆潮屋前的古桥和台地旁的新桥划分为上游、中游、下游三段。上游段为子母坑溪与村落尾部的半山次交汇处，溪流较窄、水量小，但是流速较快，因而对溪流两岸的侵蚀较为强烈，并且河段中多出现阶梯状的断面；中游水量逐渐增加，但水流已经趋于缓和；下游河谷宽广、河道弯曲，河水流速小而流量大，由于上游冲刷带来淤沙，多处可见小型的沙滩和沙洲。

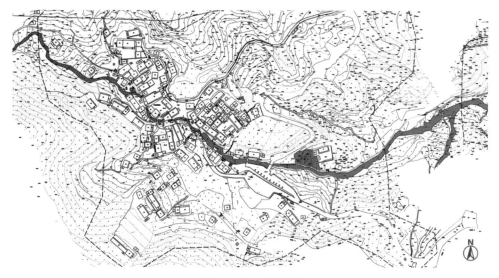

图2-2-8 半山溪示意图

半山溪在半山村内承担着重要的景观核心的职能，构成"小桥流水人家"景象的重要组成部分。半山溪记载着村庄的历史痕迹，是村内传统文明的标志。然而以半山溪为主体的水系景观缺乏合理的保护，诸多节点处出现断流，并且缺乏基本的公共道路设施，给村民出行造成诸多的不便，更有损村落的传统风貌。因而整治梳理村落水体，并且打造沿溪绿化景观就显得至关重要。由于半山溪水系较长，可先对上游与子母坑溪交汇段进行疏通，引入较大的水量进入半山溪内，重点对村内中游段进行淤泥和垃圾的清理与整治，并对局部破损的堤坝进行修复，清理周边杂草。在整治过程中需要注意的是，不得随意更改河流的走向和宽度；沿溪两岸的建筑物和道路不得随意占用河道；呼吁居民禁止排放生活污水至河道中；定期清理半山溪里的废弃物。加强对溪流上游地区耕作过程中所施肥、农药的控制，确保半山溪水洁净与安全。同时，还要在半山溪堤岸边增加喜水植物的种植，进行沿溪绿化改造。将堤岸边的排污管道进行遮挡，结合水系的走向和路网结构设置若干可供人们停留的空间，合理布置休闲座椅，营造滨水景观氛围，提升村落文化品位，提高居民生活品质。

半山村丰富的水资源形成了适宜村落建设和定居的良好条件，岩石之间的明沟暗渠和溪边的古道、建筑以及溪上的石桥等等元素构成了半山村沿溪水景观的形态特征，这些景观元素相互依存的空间关系体现出古人"天人合一"的思想观念（图2-2-9）。

（1）半山溪与民居建筑交相呼应　　　　　　　（2）半山溪河道与古道并行

图2-2-9 半山溪流经村庄的景观形态（1-2）

2.1.5 自然因素影响下的村落选址形态特征

从古至今，先人在选择居住环境时都是为了追求理想的生存环境，因而充分考虑了自然和社会多重因素对于选址产生的重要影响，半山村村落环境拥有较为突出的识别性和印象性的形态特征，体现出传统村落选址强调与大自然环境有机结合的特点，使人类的居住环境融于自然之中，形成一种理想的生存环境。人类具有追求自然的情怀，渴望能与大自然保持紧密联系，与自然环境相适应。半山村的选址正是基于追求"山川秀发，绿林阴翳"为特征的理想人居环境。村庄深藏于两列山峦间的山谷幽处，北靠富山大裂谷群山，南临子木坑岭头和张家山，阡陌纵横，山川灵秀，地势起伏，溪流穿村而过，打造出充满变化的山水居住村落。

传统村落选址的突出特点就是因借自然，将村落自然地嵌入山水格局之中，半山村从多方面表现出这种意象，其背山面水的选址模式使得自然山水成为村庄的重要组成部分，这样的环境意象特征给人们带来高度的印象性。传统村落选址不仅注重整体景观，还十分重视局部景观形态的构建。尤其重视村庄出入口的景观打造，入口是村落的门面，是村民出入村落的要道，因而对入口地带景观的选择与构建十分看重。半山村的村庄入口景观的构建就体现了这种意象。以自然风貌为基础，拱形石板桥驾于半山溪之上，连通古道两岸以供人通行，桥侧植有500年树龄的南方红豆杉为背景。体现出因地制宜，巧于因借的传统文化理念与思想。村口的古桥、古树、古道、村舍、溪流相互交织成景，曲径通幽，溪流潺潺，构景极为朴野灵趣。这些特征使人们一踏进村口就能观赏到村庄秀丽的风景，感受到其独特的景观意象和浓郁的乡土文化气息。

传统村落选址不仅追求人与自然环境的融合与乡村景观意象，更追求人与聚落环境之间形成的动态平衡关系。作为背山面水的半山村就是一个具有生态学意义的有机整体，村庄坐北朝南、背山面水的村落格局，其生态学价值在于既能够获得良

48

好的日照，且冬暖夏凉，又得益于背靠山峦抵挡冬季的寒风，面朝溪流，利于接收夏日掠过水面的凉风；村内的住宅房屋建于山地缓坡之上，不仅可以使村民拥有开阔视野，还可以避免洪涝的灾害；周围的植被作物既可以保持山地缓坡的水土避免流失，又可以调节小气候，形成具有生态意象特征的绿色村落环境。

2.2 人文因素影响下的
半山村景观形态特征

　　人是聚落中的主体，聚落是人类发生行为的场所，它不仅体现了一个地域的文化特色，也是该地域自然因素和人文因素相互影响下的综合反映。人文因素包含了诸多以人为主体的方面，如生产生活方式、风俗习惯、思想观念、宗教信仰和审美意识等等。人们在选择聚居地时，往往会寻找一个对于生活、生产最有利和安全的地方，如靠近溪流、农田的地方，以便于浣洗、交流、灌溉和农耕。从而形成稳定的聚居模式，以满足生产、生活、商贸、集散等需求。而从文化、信仰的方面来看，各个地域的人们都有其各自的文化传统和民风民俗，这些文化不仅是一个聚落的灵魂，同时也影响着人们生活的各个方面，甚至直接反映在人们的聚落布局、居住环境、居住习惯与模式等方面。

2.2.1 聚落系统中的景观形态特征

　　（1）沿溪形成的线型聚落空间布局
　　半山村充分利用山势的走向与起伏，形成错落有致的线型空间布局，层次丰富分明。同时由于村落的近水性特征，建筑大多沿着半山溪两岸分布（图2-2-10）。聚落空间布局特征主要体现在以下方面：

图2-2-10　民居建筑沿溪边建造

第一方面，布局形式具有空间秩序与意象

半山村的空间布局以民居建筑与街巷为主体，并且以半山溪等自然环境因素形成了村庄整体布局形态。村民尽可能地把平坦的土地用作农耕，把住房建造在不适于做农田的坡地上。其整体形态结合半山溪的东西走向，呈现树枝状展开，建筑顺坡地、沿等高线排列，形成了沿溪、沿山带状及台地团块状，相互交织的布局形态，并凭借自然地势展现出独有的高低起伏的韵律感。半山村的空间布局尺度结构脉络清晰十分贴近人体尺度，从开阔的台地空间到小尺度舒适的村内空间，再到开阔台地竹林空间，这样的尺度对比与转换使人产生舒适、放松、安全的感受。

第二方面，空间布局整体统一中又有变化

整个村庄坐落在两山凹陷山谷处，被台地、竹林所围合，村庄内部以半山溪为空间主轴线，民居建筑沿溪水两侧带状分布。半山村的降水、湿度较大，且在日光的作用下，气温累积效应造成白天山谷的温度要高于夜晚，使得半山村昼夜温差较大。这就导致了半山村的微气候不同于其他村落。而这些微气候在空间围合的具体表现就体现在遮阳、避雨、散热、通风和防潮等方面。受地形的限制同时又为免于烈日的曝晒，村内街巷狭窄，以期借建筑的阴影区来获得尽可能大的遮阳作用；避雨的可能性也多体现在坡屋顶的排水功能，以及外挑的屋檐，既满足了避雨也达到遮阳的效果；在防潮方面采用竹篾编制的围合材料来保护墙体不受雨水侵蚀。同时空间布局依据地形的限制，建筑和道路分别形成了不同的组合关系，并展现了树枝状伸展的形态，形成了统一之中又有变化的村落空间布局形态（图2-2-11）。

图2-2-11 半山村聚落空间结构和布局

（2）地域性乡村元素形态生成的聚落边界特征

乡村的聚落边界是指当地自然和人文要素形态的整体与部分相连接和转换形成的形态与空间特征，带给人对乡村聚落独特的感受与体验。主要通过地形、建筑、植物和水体的边界形态形成聚落整体性的边界特征。地形边界是因村庄内部地势的起伏变化而形成不同标高，并具有强烈的大体量垂直形式，地形边界形态将村内不同标高的层面相互联系，呈现出自由阶梯状的形态特点；建筑边界一方面指建筑整体形态与村落街巷和自然环境结合映衬的空间形态，另一方面指建筑室内外分割和转换的边界形态与存在方式，建筑边界形成乡村建筑与聚落空间在尺度、形状和质感等方面的相互交融与切换；植物自然而富有变化的质感作为围合和柔化空间边界的景观元素，其形态在相互交织的乡村空间中是决定聚落边界形态的重要因素，形成了富有生机活力的景象；水体边界受当地自然环境因素影响形成多变的水景观形态，是构成聚落边界特征的重要元素。半山村历经800多年自然与人文相结合的发展过程，形成了依山傍水，高低错落，沿溪而居，具有丰富聚落边界形态特征的传统村落。

（3）聚落环境中的景观节点形态特征

聚落环境中的景观节点是指街巷交通和视线汇集的地方，通常与乡村日常生活和精神文化有着十分紧密的关联性。节点作为人们驻足停留、交流等待、聚会休闲的场所，经过先民世世代代的打造和营建，成为体现乡村生活与文化特征的载体与场所，这些节点大都具有一定的文化性、社会性、实用性以及指向性的功能。半山村因其地貌特点，先民们因地制宜，因地选材，努力适应环境，融入自然，因而营造出形态各异，多样组合的聚落节点空间。半山村村域内蜿蜒起伏的地形与高低错落的路径交汇形成形态各异的地形景观节点。如村庄主入口是蜿蜒起伏的地形中相对平坦的台地，周围是形态垂直的山体，空间的景观节点特征鲜明，形成一处过往行人驻足的休憩点。聚落民居建筑是村民世世代代居住的场所和日常生活的发生地，在以传统农业生产为主的时期，居住建筑的选址和布局基本上是围绕农业生产资料展开。村内现保存传统民居建筑39栋，少部分始建于嘉庆20年，至今已有200多年的历史，大部分则始建于民国至新中国成立初期。这些传统建筑作为建筑节点是一个时代的印记，承载了村民对半山的记忆和情感。植物节点主要设置在路口和道路交汇处，以及沿路开阔地或台地空间，作为节点的植物往往是以单株形式存在于空间之中，或存在于道路的终点，如村头的梨树王和村尾的老梨树等，或在道路的转折处，如村庄中部的老枫树节点。这些形态独特、年代久远、具有地标性和观赏价值的树木，是村民休憩交谈的理想场所。村内的台地作为开放性空间，大面积植物的种植，强调了台地景观的轮廓线，是聚落景观节点中重要的组成部分（图2-2-12）。正是这种多样性和丰富性，形成了传统聚落半山村在地形、建筑、植物等方面形态特征的节点空间。

2.2.2 路径系统中的景观形态特征

路径提供人们在不同区域之间穿梭往返，构成聚落环境中的线性空间。路径不仅仅方便交通，也是具有一定社会性的动态交流场所。半山村的线性聚落路径空间呈密集的树枝状分布，其中沿溪纵向贯穿而过的黄永古道是村内的主要路径，而横向交错连接院落和街巷的道路则为聚落的次要路径。由地形路径、建筑路径和植物路径形成半山村线性空间形态骨架系统。

（1）地形路径

山地型聚落的路径形态是根据地形地貌的起伏变化，进行垂直于等高线和平行于等高线的道路布置。与大多数山地型村落一样，半山村的道路受山地的影响，道路较为狭窄，一般在1至1.5米左右，且因为村庄内高程差距较大，道路也随着等高线的变化而起伏错落，形成半山村地形路径的一大特色。因为村落的近水性，路径大多是平行于溪流的走势，形成了一侧临水另一侧临屋的滨水道路。随地形的变化在湍流的半山溪上搭建出多种形式的石板桥、石阶、汀石以及河埠头。黄永古道穿村而过，是半山村的主要交通道路轴线，呈放射状与多条街巷和院落相连通。半山村道路以大大小小不规则石块铺设，依地形高低变化形成地形高差大，坡度较陡，树枝状的路径结构特征。

（2）建筑路径

山村型聚落中的民居建筑连通成巷道，这些巷道狭窄而曲折，主要由各家各户建筑的外墙和院墙分隔与组合而成高低错落、曲径通幽的线性路径空间。半山村民居建筑形态中的风雨廊形式在构成建筑路径方面具有突出的地域性特征。在穿村而过的黄永古道两侧，大多数的民居建筑带有风雨廊功能的顶棚，为行人提供遮阳、遮风和避雨的场所，改善了道路沿线的环境条件，并扩展了场所的用途，形成不同功能作用的路径空间。半山村的风雨廊自古作为来往古道的客商休憩避雨之用，廊道开敞通透便于通行，尤其是地处半山文化礼堂与休憩茶亭路段的古道风雨廊，用当地传统材料搭建了顶棚，棚下沿着墙面设有多个条石座凳，供过往行人和村民驻足、避雨及休憩交流，这里古往今来一直作为村内交通路径的重要节点。半山村内的路面铺装皆运用卵石或青石板等当地乡土材料，尤其黄永古道沿线铺设的卵石经过数百年的踩踏、摩擦，形态变得圆润古朴。村民由于运送毛竹的需要，将大量毛竹从古道拖曳而过，久而久之，卵石上也留下了深刻的痕迹。建筑路径的特点影响着半山村民的日常生活方式和行为习惯，呈现出鲜明的地域性文化形态特征。

（3）植物路径

植物是乡村的底色，不同品种的乔灌木和农作物通过四季生长变化，依地形地貌以及不同植物的形态与界面构成乡村景观形态的植物路径。植物赋予人们多样的感官体验，同时还起到划分空间结构的作用。半山村茂密的竹林和漫山遍野的梨树，村庄周围阶梯状的稻田，以及房前屋后的菜园，通过各自形态、体量、色彩等特征的地域性植物配置，自然分隔与组合而成高低错落、曲径通幽的线性植物路径，清晰地描绘出村内交通要道的边界位置和景观视觉通廊的轮廓，起到明确引导人们前往各个节点空间的标识性作用，同时也对半山村的景观环境塑造和绿色生态环境建设发挥重要作用。

半山村路径交通的现状保护和更新改造既要考虑各种不同的交通方式，又要考虑多种不同使用者的需求。组织处理好这些不同种类的交通路径，有效地引导人的活动方向，是景观形态保护与更新的目的所在。

2.2.3 朴素自然的建筑形态特征

（1）民居建筑的基本形态面貌

半山村传统民居建筑体现出追求古朴自然观念的特点，建筑外表少有雕梁画栋和华丽的装饰，突出功能性的作用。多数建筑采用当地开采的花岗岩石砌筑，入口立面多采用石柱石梁，二层采用木板墙搭建，反映出半山村民追求质朴、简单的生活状态。（表2-2-1）民居建筑的形态特点可概括为：①呈单列式平面布局，建筑单体集合紧凑，中间为堂屋和天井，两侧为厨房和仓房；②建筑层数多为两层，一层为厨房和就餐室，二层为卧室及粮仓等储藏空间；③一层外墙为块石砌筑，设有石柱或圆木柱的挑廊，形成遮阳遮雨的陂檐，建筑屋顶盖有黑瓦；④建筑内部由木结构搭建，依柱网分隔空间，地面采用泥土夯实或铺设石板（图2-2-13）。

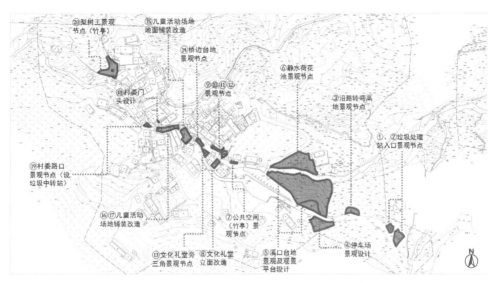

图2-2-12　半山村沿溪和古道两侧的景观节点位置示意图

（1）黄庆潮屋

（2）戴维泽屋

（3）许楠生屋

（4）戴永潮屋

图2-2-13　半山村建筑形态面貌（1-4）

表 2-2-1 半山村民居建筑形态类型与特征

形态类别	形态特征
屋顶造型	坡屋顶
屋脸形式	二层过廊式建筑
平面结构	多数为单列式,少数为多列式
局部装饰	较为质朴的牛腿和柱础、斗拱
建筑用材	块石、木材、竹材、少量青砖

（2）民居建筑的布局形态

半山村民居建筑布局依山势而建,其朝向和走势受到地形变化和路径分隔影响,构成相互交织的肌理形态。这种布局形态可概括为"一"字形、"L"形、组合型等。"一"字形的单列式布局为村庄内民居建筑较为常见布局形态,由于自然条件和习俗观念因素的影响,"一"字形建筑对场地的适应性较强,易于家族各户的联排组合。"L"形建筑是在"一"字形的基础上的变形,该类型建筑具备适应场地条件灵活布局的特点。组合型建筑特点是利用地形依势建造,综合了"一"字形建筑的特点,减少了布局形式的单一性,也由于地势的变化而在布局上富有变化（图2-2-14）。

图2-2-14　建筑布局形态关系示意图

（3）民居建筑局部装饰形态

半山村与大多数富庶的江南地区民居建筑不同,这里的传统民居建筑较为质朴,大多数民居在窗格、牛腿、斗拱、柱础等建筑部件的局部做简单的装饰,没有华丽的花式纹样和繁复的造型。半山村民居建筑质朴粗犷的装饰内容与朴野自然的建筑形式相呼应,带给人不一样的感官体验（图2-2-15）。

(1)　　　　　　(2)　　　　　　(3)　　　　　　(4)

图2-2-15　半山村民居建筑的局部形态(1-4)

2.2.4 非物质文化层面的景观形态特征

半山村经过长期的历史发展演变,逐渐形成了独特的生产生活方式和风俗习惯。这些行为方式、社会活动、氛围场景等呈现出非物质文化形态特征,也对半山村聚落物质形态的形成和演变产生了一定的影响。半山村民俗活动中隐含的景观形态是该地区长时间发展历程中的积淀，反映出村民的生活情趣、日常习惯和状态。民风民俗是村民为适应环境和自身发展需求，"代代相承、人人相习"而逐渐产生的，具有相对的稳固性、群体性，也会因地域差异而具有多样性。半山庙会在村落中就被作为非常重要的民俗活动沿袭至今，每年分别在农历六月初一和九月初三举行。在这两天，半山村村民分别为了迎接南正顶上的齐天大圣以及焦岩岗的焦岩太祖，举行盛大的庙会活动。在庙会期间，半山香火旺盛，旗幡林立，鼓乐齐喧，人流如织，礼炮雷鸣，展现出丰富的人文景观形态面貌（图2-2-16）。

(1)　　　　　　　　　　　　　　　　　　(2)

图2-2-16　半山村民俗活动场景(1-2)

半山村自古以来，家家户户的生产生活器具都是村民自己采用当地的石、木、竹、草等材料制造而成，这些器物不仅生态环保，且造型古朴美观。如草席，俗称绞毡，是用稻草搓成绳连接稻草束，编成席子，松软舒适。用竹篾编制的竹席可用做建筑外饰面，既具备装饰的效果又有防潮防寒的功能。这些传统器物的形态能够反映出半山村地域性的文化特征。传统生产生活用具中包含的传统技艺，体现了生态环保、健康的生活方式，可以对营造绿色村落生态环境起到推动的作用。在村民们的生产生活中形成的传统技艺是传统村落非物质文化形态文脉传承和延续的体现（图2-2-17）。

(1)　人工草编绞毡　　　(2)　竹拼饰面装饰　　　(3)　石臼石杵　　　(4)　手工竹编器具

图2-2-17　半山村生产生活器具(1-4)

半山村生态环境优越，无衣食之忧患，故自古吸引众多外地人迁徙到此栖居。受山区环境限制，虽然村庄地域狭小，却居住人口密集、姓氏众多，故有"半山十二姓"之称，分别为"金、李、翁、黄、许、周、潘、何、梁、胡、姚、戴"。这些不同族群的人们聚集在这里，生活习惯、行为方式相互融合和碰撞，对半山村的文化形成产生一定的影响。在丰富的文化背景下，经过长期的历史发展过程形成半山村多样和复杂的人文景观形态特征。

3 半山村景观形态保护
与更新设计

半山村的景观形态保护首先需要制定相应的原则、策略与措施，为半山村传统村落风貌的延续和发展提供理论支撑与建设实践指导。半山村的历史、文化和美学价值具体体现在选址格局、街巷空间、传统建筑、文物古迹、山林台地，以及民风习俗、传统技艺等物质与非物质人文景观等方面，这些要素构成了村落的综合景观环境的面貌，成为半山村的自身优势和价值。要把村落格局、传统建筑与自然景观要素结合起来营造，以延续村落的整体景观风貌，强调整体与系统性保护，综合考虑半山村传统村落景观形态的特点和现状问题，突出传统文化为主导，努力实现村落的可持续发展。

3.1 半山村景观形态特征的保护策略

半山村的景观形态特征具有一定的传统特色和地域性。目前村落格局、古道走向保存较好，历史传统建筑在总体建筑中占有一定的比例，民居建筑整体风貌大部分保持相对完整，能够比较清晰地反映出半山村的历史发展进程和文化背景，以及历史文化特色。半山村的景观形态价值体现在历史文化价值、美学价值、生态价值以及经济价值等多个方面。景观形态就是村落文化的一种反映，通过对村落中景观形态的保护和有效利用，不仅能延续村落的传统文化和生态环境，还能使其获得经济效益和社会效益，使传统村落重新焕发出新的生机与活力。

3.1.1 全面挖掘村庄景观形态价值与特色

传统村落既是不可移动的历史文化遗产，又可以是珍贵的乡村旅游资源。历史文化是半山村景观形态的灵魂，它在村落发展的进程中留下了独有的痕迹，这种痕迹渗透在村落的物质环境和日常生活中。在半山村景观形态保护发展与设计研究的过程中，要全面挖掘其历史文化背景，探寻和梳理物质与非物质文化遗产要素，进一步强化这些特色，展示和弘扬乡村悠久的人文景观风貌。通过对景观形态的挖掘、整理与设计，采取多种形式和手法进行展现，使传统村落地域文化能够得以延续和发扬光大。

3.1.2 提升村民文化水平引领大众审美意识

对文化的认同与传承建立在提升村民文化水平的基础之上，传统村落要想得到长远的可持续发展，就必须从根本上提升人的文化素养和审美水平。村民作为半山村的主体在传统村落发展中经过历史的变迁，世世代代地繁衍，已经与当地自然环境有机地联系在了一起，村民不仅是乡村历史文化的创造者和见证人，更是文化传承的重要对象和载体。通过对传统村落价值的宣传与教育普及，使村民渐渐产生对家园价值和文化的认同感，激发起对传统村落历史文化的保护意识和对家乡建设的热情与主动性，展现出建设美丽家乡当家做主的责任感和自豪感。

3.1.3 促进传统村落与现代化生活文化的结合

传统村落景观形态的保护传承与更新建设应结合时代的发展和现代人的生活习惯、行为方式、审美需求，做到传统与现代的有机结合。不同于江南其他富庶地区的传统村落文化遗产和景观形态的特点，半山村的历史文化更趋向于古朴、简洁的特色，与现代审美追求自然生态的目标具有共通性。因此在对半山村传统文化传承、景观形态特征保护，以及保留其最具历史文化特色的方面，可以探索和促进传统与现代文化的融合与碰撞，使现代人既可以从中感受到传统的魅力，又能够适应现代人对生活文化体验的新时代需求。

3.1.4 推动村落景观保护与产业转型发展的结合

在传统村落景观形态的保护传承与更新建设过程中，发展乡村经济和提高村民收入是工作的基础。针对解决乡村人口流失和空心化问题，关键是要合理调整乡村产业结构，在发展第一产业的基础上，探索发展第三产业。半山村土壤肥沃且海拔较高，要积极调整单一的种植结构，除了种植基本的瓜果作物外，还可以探索尝试发展种植特色经济作物，种植花卉和中草药等作物。充分利用地缘优势以高山瓜果蔬菜的种植作为特色，发展特色经济作物种植与深加工，提供就业机会，增加村民收入。完善村落内部的基础设施和公共服务设施体系，对村庄的环境进行综合整治，提升村民的生活品质，吸引年轻人回到乡村生活与工作。第三产业的发展要结合村庄规划，可以多种经营，发展乡村旅游产业，引入民宿、茶楼、博物馆、休闲娱乐、研学体验等多方面业态，使乡村经济焕发新的生机活力，推动乡村的可持续发展。

3.2 半山村景观形态保护和设计的目标、定位

3.2.1 设计目标

根据浙江省美丽乡村建设行动计划文件精神和台州市制定的《黄岩区美丽乡村建设实施意见》，半山村的建设目标以"美丽乡村、和谐台州"为主题，围绕乡村振兴建设的总体要求，着力于推动半山村的保护与优化设计，为创建美好的居住环境、提高村民经济收入、丰富乡村的文化生活，提供政策法规和规划设计等方面的支持。由于半山村处在黄岩区"十三五"规划提出的美丽乡村发展带上，依托周边的富山大裂谷景区旅游资源，针对半山村的景观形态现状，提出了"山地村庄聚落意象"的设计愿景。努力构建一个系统完整的传统村落景观形态结构体系，涵盖山水、田园、

肌理、节点、邻里等五大核心要素，在村落功能空间布局、建筑肌理特征、地域性植物配置、核心景观节点分布、民风民俗和生产生活方式等方面，明确控制性要素与引导性要素的基本内容，从宏观到微观加以控制和引导，有效指导聚落空间景观形态保护与可持续发展的建设工作。努力探索传统村落景观形态与自然环境有机"镶嵌"的适宜模式，打造中国传统村落中，具有乡村属性的现代化的美丽乡村样板，使半山村更具有"可印象性""可识别性"（图2-3-1）。

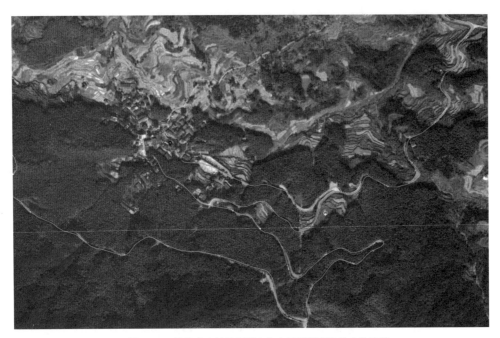

图2-3-1 保护半山村景观形态与自然环境有机融合的风貌

3.2.2 设计定位

发挥策略制定与规划控制的引导性作用，通过对半山村上位规划的研究与分析，以及对村庄的深入调研考察，梳理半山村的历史文化资源与景观形态特征，从空间布局、路径组织、景观节点打造三个层面明确半山村景观形态保护与可持续发展定位。利用入选中国第三批传统村落的良好契机，依托台州市黄岩区打造沿长决线美丽乡村旅游发展带和环长潭湖生态旅游休闲圈的总体规划目标，充分挖掘半山村的优势旅游资源，利用与富山大裂谷景区的紧密依存关系，植入相应的旅游功能业态，实现景区与村庄联动的旅游产业发展效应，以群山环抱、竹海森林、梯田错落、梨花繁茂的特色，延续逐水而居、错落有致的村落格局，以保护半山村聚落布局和传统民居建筑肌理、形态为首要目标，配合形成绿色生态居住环境和休闲度假的发展方向，提出"梨花胜境·隐逸半山"的村落发展主题概念。依据地貌形态沿等高线的走势梳理调整村落的功能分区，编织沿半山溪和黄永古道为核心和轴线的带状线型与网络状相交织的空间格局，缝补村落破碎的空间肌理，提升新老居住区的通达性，完善和优化半山村的交通结构形态体系。结合当地特有的自然景观形态及其人文景观形态资源，把半山村建设成一个以古道文化为特色，拥有观赏休闲、养生度假和娱乐体验为一体的生态型传统村落。发展以台州、永嘉为核心，辐射长三角的旅游客源市场，将半山村建设成为台州市黄岩区西部沿长决线美丽乡村发展带、环长潭湖生态休闲圈的重要旅游节点。

3.3 半山村景观形态保护与优化方法

因地形的限制，半山村随着历史发展而逐渐形成了组团布局的村落格局，体现出山地型传统村落形态形成的最基本结构形式，整个村落是以半山溪为主轴线，沿着等高线地形分散在溪流两岸的基本布局特征。在规划、控制和保护半山村景观形态的方法上，首先要以组团布局为基本的保护原则，将沿溪主轴线上的组团单元划分为核心保护区，以此逐步向外围扩散保护范围，协调好山林、台地与村落之间的结构关系（图2-3-2）。

图2-3-2　半山村保护与控制范围位置示意图

3.3.1 强调对核心景观带的保护

半山村沿溪核心景观带是景观特征突出的关键区块，该区域相对脆弱，经不起破坏，一旦格局和风貌损毁将难以弥补。景观规划设计要强化对这一区块的保护，通过调查、分析后合理确定该区块的保护范围与内容，制定相应的保护措施，防止不当的土地使用和过度开发。

（1）自然景观形态对聚落的影响与保护

自然形态是影响村落结构的重要景观元素，它对村落布局形式、路径交通走向、节点串联方式都产生了决定性的影响。地形地貌、山体水系、土壤植被等构成了半山村景观形态的基本面貌。在快速的城镇化进程中，由于保护意识不足以及片面追求经济效益，致使传统村落的景观形态与元素受到了不同程度的破坏。尤其在山地地区受地形因素的影响，可利用的土地相对较少，山地上建造的建筑越多，对地质的压力越大，造成水土流失、土壤侵蚀等不良后果的可能性也越大。要有效保持山地原有的地形特征，需要科学规划山地上的建设用地，避免人为过度地破坏地质环境，保持原有山体、竹林、水系等地貌景观形态的自然特征，维护和延续群山环抱、一水中流的自然景观形态格局，遵循谷地西北高东南低的景观形态特点，维护山、水、村、田融为一体的整体空间，保持村落景观形态的自然格局与风貌。

（2）人文景观形态对聚落的影响与保护

受社会和经济条件的影响，不同地域乡村人们的生产、生活方式呈现不同的特点，在这些人文因素影响和作用下形成的人居空间格局与景观形态特征也会有所不同，景观形态突出表现在包含山、水、田、村整体村域的格局，以及村庄内部的建筑肌理、院落空间，以及街巷路径之间的组织关系等。这些景观格局与形态往往是千百年以来演化形成，与自然环境最为融合，是人地和谐关系的体现。

在人文景观形态对聚落的影响与保护方面，首先，保护和利用好黄永古道，将古道作为村内主要交通游线，以此串联村内建筑的巷道为次要交通游线。保留原有街巷路径的结构，分离车行和人行的交通路径。其次，在村内建筑保护状况好坏不一，整治难度较大的情况下应对建筑质量进行总体评估，将现存建筑的风貌大致分为历史风貌建筑、传统风貌建筑、现代风貌建筑三类，分别制定相应的保护和更新改造策略与具体操作方法，使历史建筑的价值得到有效挖掘，历史文化得到传承，传统建筑的风貌得到有效保护和再利用，现代建筑与传统建筑的风貌有机融合与统一，充分展现出半山村人文景观形态对聚落整体风貌延续的作用。在半山村景观形态的保护与优化营建中需要对景观形态的特征进行分析、提炼，从而进行风貌的保护、优化与提升，使其在乡村振兴发展建设中继续焕发传统村落所特有的生命活力。

3.3.2 强化对景观形态的完善与优化

景观形态保护理论研究的学者将景观形态定义为一个村落景观结构存在的表现形式，强调只有保证其景观形态不受破坏才能实现村落景观功能作用的发挥。对传统村落中的景观形态基本元素进行保护和优化，并将整个村落系统中的景观节点串联起来，成为一个稳定、持续的结构，是景观形态完善优化的主要目的。[17]针对半山村的景观形态保护规划可以提出在保护原有的景观形态基础上，首先推动核心景观带的重点保护，再补充其他相关联和薄弱环节景观形态的保护内容，唤醒和引导村民的保护和发展意识，明确保护与优化的策略和方法，政府、专家和村民形成合力，共同努力使传统村落景观形态得到有效保留、完善、利用和可持续发展。

（1）保持山地型聚落景观形态的"镶嵌"格局特征

镶嵌是景观格局的一种体现形式，是指传统村落中的地形、土地、建筑或植被之间形成不规则块状的分散式组合单元，各个组团单元之间根据该聚落地形的变化而呈现相互镶嵌式组合在一起的景观形态，这种镶嵌模式充分体现出乡村景观格局的形态特征，展现出传统村落形态的多样化和丰富的视觉景观效果。镶嵌性是半山村景观形态的基本格局特点，在保护、传承与发展半山村传统村落景观形态的设计与建设工作中，完善与优化这种镶嵌格局，具有重要意义。

（2）建立、完善组团单元，控制组团的规模与结构

从景观形态学的角度看，组团的尺度、数目、形状、位置等内容是聚落景观形态的主要影响因素。构成半山村景观形态组团单元的内容包括山林、台地、核心建筑群落等景观元素，有效控制已有组团的规模以及多样性对保护和延续半山景观形

态的稳定性具有十分重要的影响作用。在保护、传承与发展半山村传统村落景观形态的设计与建设工作中，把控土地的合理开发利用、确保山林、台地植被的完整性，是维护景观形态的重要方面。避免景观形态组团的破碎和景观多样性的丧失，有必要采取有效的保护措施，完善和控制组团单元的规模与结构，充分发挥规划设计在景观形态保护方面的管控设计作用。

（3）传统民居建筑风貌传承与组团单元整体性重塑

半山村传统民居建筑体现出村民世世代代承袭的生活方式，无论是建筑、院落和公共性质的活动空间，无一不存有村民的生活记忆。村内典型的"一"字形建筑是半山村民居建筑的主要类型，同时还有部分合院组合型民居。院落空间是民居的室外空间，由不同的建筑类型分为前庭后院和庭院合一的结构形式。村内地处交通路径节点的公共空间是村民日常活动的主要场所，对其功能和风貌的保留与沿袭也是对传统村落记忆的留存。根据半山村民居建筑现状的风貌、质量状况进行划分归类之后，分别采取修复历史建筑、重建破败建筑和改造现代建筑等方式，延续半山村传统村落风貌，继承传统民居朴素自然的建筑营造思想；重塑民居建筑、院落和公共空间核心节点的村庄组团单元空间体系。

3.4 核心景观带保护与更新——半山村沿溪核心景观带设计与营造

半山村具有优质的景观格局，群山环抱，竹林似海，山花烂漫，燕舞莺歌。两山夹一谷，溪畔有人家。坐观林涛泛浪，卧听山泉淙淙，青山抱泉涧，泉涧绕青山。半山村拥有丰富的景观资源，两公里长的古道、300多年的古桥、400年以上的古树，以及散落在村庄各处的50栋古建筑。根据半山村"山地村庄聚落意象"的设计目标，整合山水、台地、肌理、节点、路径等核心景观形态要素，优化乡村"山林、台地、村落、水系"的整体景观结构形态关系。维护和延续群山环抱，山、水、村融为一体的整体空间格局。保留并延续半山村以溪流为主要发展轴，各居住片区呈组团块状沿溪串联生长，村落与山体边界自然契合的树枝状结构，维护和延续原有村落以半山溪为骨架向山体延伸的视觉通廊体系。以"显山露水"作为保护与更新半山村沿溪核心景观带视觉通廊的核心目标，将最佳水景和山景引入村庄腹地，打通半山溪和周边山体、台地的空间和视觉联系，还原山水间的原生脉络。修复、更新与再造核心景观带上的巷道、观景平台，清理不协调的景观要素，在各轴线沿线及道路交叉口，结合地形、建筑、景观、植物、观景平台等形成空间节点，构建具有场地特色的空间形象，增加轴线序列的节奏感和观赏性。拆除和整治对视觉通廊有破坏性的建筑和构筑物，使其风貌保持统一协调。延续和突出以半山溪及黄永古道为骨架的滨水主轴线，展示半山村滨水山地村落特征，丰富村落观赏角度和空间层次感。

半山村整体风貌应该追求的是在整个村域范围内呈现出统一整体的效果，而不是强调村内某个节点的形态布局或者某栋建筑的独特个性。半山村村民有着相似的居住环境以及生产生活方式，因而形成半山村具有区域性的特征，不能将其单独割裂开来，要打造村庄风貌整体统一的效果，首先要从沿溪核心景观带入手，再带动整个村庄的景观形态传承。结合前期的现场调研以及村民意愿的反馈，要重点保护和打造以黄永古道为核心的标识性景观带，保留其蜿蜒曲折的通行功能和场所感环境，使其作为村庄记忆的组成元素。同时在景观带上的古树、古桥、街巷交汇处等节点空间进行植物绿化设计，根据场地现状及功能的需求新增景观亭等构筑物作为休憩场所，并配置统一的公共设施，打造半山村内的核心景观轴线，串联起村庄入口空间、文化展示空间和公共活动空间等节点，将沿溪核心景观带建设成为体现半山村景观形态特色的纽带与标志（图2-3-3 至图2-3-5）。

半山村乡村景观环境打造设计中，将自然景观做为大背景，古道景观与半山村民居建筑景观融合，与自然景观形成一体，形成既统一又别具特色的景观带，利于发展乡村休闲旅游。半山村村庄隐蔽于山谷之中，从蜿蜒的村口道路进入村内顿觉豁然开朗，有种"山重水复疑无路，柳暗花明又一村"的意境。村庄依山而建，半山溪与黄永古道从村中穿过，村庄呈树枝状展开，聚集型空间分布，整体村庄景观空间呈递进式展开，因此在半山村场地景观空间打造中以村庄入口景观、村庄中心台地景观、村庄特色公共建筑环境景观以及村尾休憩亭等景观节点构成景观带系统。

在对半山村景观视觉要素特征提炼的基础上进行核心景观带上各个节点景观的设计与营造，从场所属性的角度进行设计，充分展现具有地域特征的半山村特色文化。从空间序列入手，对村口景观、村内台地景观以及公共建筑景观、村尾休闲景观依次展开半山村核心景观带的建设工作。

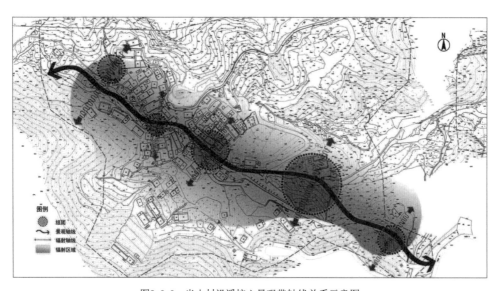

图2-3-3 半山村沿溪核心景观带轴线关系示意图

图2-3-4 半山村沿溪核心景观带节点效果图（沿溪以东部分）

图2-3-5 半山村沿溪核心景观带节点效果图（沿溪以西部分）

半山村因古道文化而生，因自然山水而活，半山溪及黄永古道为骨架的滨水主轴线贯穿于整个村庄，展示了半山村滨水山地村落的特征。滨水核心景观轴线的打造，能够整体协调和优化半山村传统村落风貌，引导建筑环境空间的秩序化，串联古道、古桥、古树、古井等历史环境要素。沿溪核心景观轴线串联村口观景休闲区、公共景观节点、文化礼堂、景观台地、梨树王景观节点、半山茶楼、半山青年旅舍等活动节点，增加轴线序列的节奏感和观赏性。在完善公共基础设施的基础上，构建具有半山村村落特色的空间形象，形成具有历史与文化底蕴的视线廊道，打造富有韵味的游览路线。

3.5 半山村村口景观保护、更新设计与营造

半山村位于联通温州楠溪江景区与台州黄岩城区的长决线中段，村前有一片较为开阔且平坦的空地，北向面朝富山大裂谷景区延绵起伏的群山，这里观景视野良好，视线开阔，风光旖旎。村口作为由长决线到达半山村的过渡空间，既是半山村入口的起点，也是具有标志性和导向性的景观轴线的重要节点组团。半山村村口处原仅有一处石牌坊，村口缺乏识别性及标志性，单纯的水泥空地并不能有效地组织交通，提供公共服务，且欠缺对入口处景观资源开发及利用。结合半山村乡村旅游的功能需求及场地现状，这里既是长决旅游线上为游客提供旅途休憩观景的驿站，也是具有可识别性的半山村入口的新地标，需要结合半山村乡村旅游发展，完善对公共服务设施配套的整体性建设（图2-3-6）。

(1)   (2)   (3)

图2-3-6 半山村主入口原状缺乏标志性和公共服务设施（1-3）

3.5.1 村口景观设计定位与目标

村口景观节点定位为长决旅游线上的休息驿站、半山村进村路口的新地标、富山大裂谷群山的观景点，高标准建设服务于乡村旅游和配套完善的公共服务设施。由于地理位置特征及功能需求，这里将建成来往于长决线游客的休憩、观景场所，村民和游客进行交流活动的场所，在此可以观赏村落的景色，体验乡村的生活气息。在村口这片自然围合形成的观景休闲区，打造村口休憩长廊，设置与半山村乡土建筑一脉相承、遮阳又防雨的景观亭廊和公共厕所。建筑采用悬山式屋顶，以木椽子铺设承托屋面板，屋面铺盖青瓦，基座由条石砌筑。观景台处布置几处石桌石凳，座凳均以条石搭建，可供人小憩与交谈，在此处观赏北侧丰茂的竹林及梯田群山，身处其间心物交融，景观亭廊构成了一道别具风貌的风景线。景观亭廊西南侧靠近石牌坊处，设置了天然石的半山村村标和村庄历史文化简介。对半山村村口的景观

设计既是对公共服务设施的完善，也是对半山村空间节点的优化（图2-3-7至图2-3-9）。这里以广袤的竹林为背景，营造出轻松惬意的乡村休憩氛围。

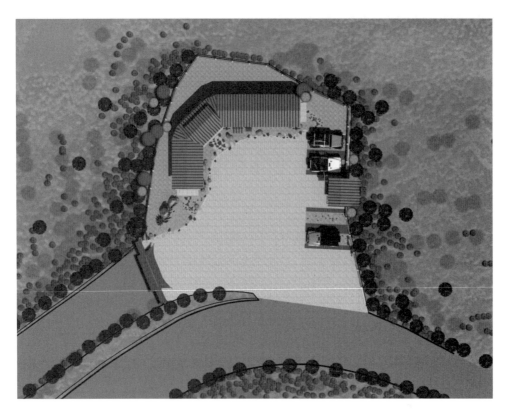

图2-3-7 半山村主入口景观设计方案平面图

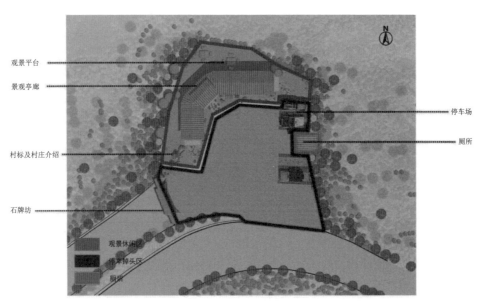

图 2-3-8 半山村主入口功能分区图

图2-3-9　半山村主入口设计方案鸟瞰图

3.5.2 半山村村口广场设计方案

　　村口节点在体现半山村传统文化的景观形态特征方面，完全采用当地山上的石材和木材，以及传统工艺建造构筑物，结合半山村古建筑样式元素设计入口长廊景观以及公共厕所等构筑物，体现半山村古朴的传统文化氛围，延续半山村传统建筑的特色。入口景点配备导示标牌、景点介绍以及景观灯。导示牌、介绍牌和景观灯的支架设计统一选用棕色烤漆钢材，在保证防腐和牢固的同时与环境色协调统一；导示牌和介绍牌牌面采用柳桉防腐木雕刻文字，彰显古朴的乡村文化；景观灯造型设计融入半山村窗格纹样并抽象简化，体现古色古香的乡村风貌（图2-3-10至图2-3-18）。

图2-3-10　半山村村口景观设计方案场景效果-1

图2-3-11 半山村村口景观设计方案场景效果-2

图2-3-12 半山村村口景观设计方案场景效果-3

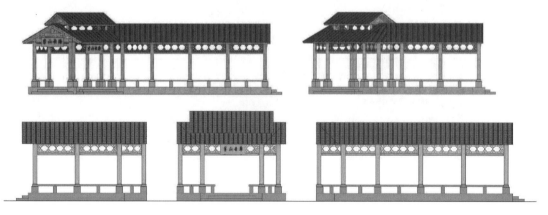

图2-3-13 半山村村口景观亭廊设计方案

图2-3-14　半山村村口景观亭廊设计方案效果-1

图2-3-15　半山村村口景观亭廊设计方案效果-2

图2-3-16　半山村村口景观亭廊设计方案效果-3

图2-3-17　半山村村口公共厕所设计方案

图 2-3-18　半山村村口广场配套公共设施设计方案组图

3.5.3 半山村村口台地景观设计方案

半山村的村口台地包括游客服务中心、活动广场、观景平台及停车场等，这里一方面为村民日常民俗活动提供开阔的场所，另一方面为发展乡村旅游打造完善的基础服务设施。根据半山村的地形特点，还设计和建造有景观小道、休憩平台，提供居民平时休闲娱乐使用。乡村中心广场的景观设计与城市广场设计不同，这里采用半山村建筑特色元素，用毛石堆砌挡墙、铺设石板路面，设立石柱栏杆等，将溪水形成自然跌水景观，使中心广场景观与半山村自然景观边界融合，既有现代景观的形式感，又有地域性的乡村特色（图2-3-19、图2-3-20）。

图2-3-19　半山村村口台地周边环境

图2-3-20　半山村村口台地景观设计方案效果图 （课题组建筑团队设计方案）

中心广场的台地景观是环境设计的中心区块和重点,台地是半山村村民集聚、游客休闲观景的最佳场地,依靠场地原有的地形地貌进行景观空间打造。台地景观可分为两部分,一部分为观赏山村美景及古道、古庙的观景台,这里依靠地势搭建平台,可以远眺古道蜿蜒、古庙香火袅袅,梨花盛开时节更是美不胜收;另一部分是依靠半山溪周边的溪石和地势搭建的平台,与古道长廊相对形成对景,使建筑、古道、长廊、古树、古桥组成半山村重要乡村文化节点。

村口台地周边环境现以栽种农作物为主,管理粗放,植物配置无秩序感与季相性,未形成具有观赏价值和有特色的乡村入口景观形象。台地上有一处污水处理房,周围未做遮挡处理,有碍观瞻,影响村容。解决途径是结合台地现有高差地形,重新进行植物配置,增加溪口台地的季相景观,丰富溪口台地的景观层次,对台地上的污水处理设施进行遮挡和美化,结合观景平台,配以相应的植物造景,丰富景观层次以及季相景观效果,打造具有观赏价值的乡村景观。其中,半山溪下游段现状较为杂乱,杂草丛生,河道碎石分布无序。解决途径是清理河道内的杂草,重新进行植物配置,丰富沿溪景观,提升溪口景观的观赏性,配合台地景观,共同打造景观层次丰富的乡村入口节点。场地北侧台地现状为梯田,以栽种农作物为主,管理粗放,整体无季相性,观赏体验感差。解决途径是利用北侧台地原有的引水渠,配合水生植物的合理配置,打造水景以及滨水景观,丰富半山村乡土景观。场地现有水景缺乏美感以及观赏价值,应整治场地现有地形,利用高差引水打造跌水景观,营造可观赏、具有互动性的水景观,结合季相性的植物配置,柔化场地的生硬感,丰富景观季相变化(图2-3-21至图2-3-23)。

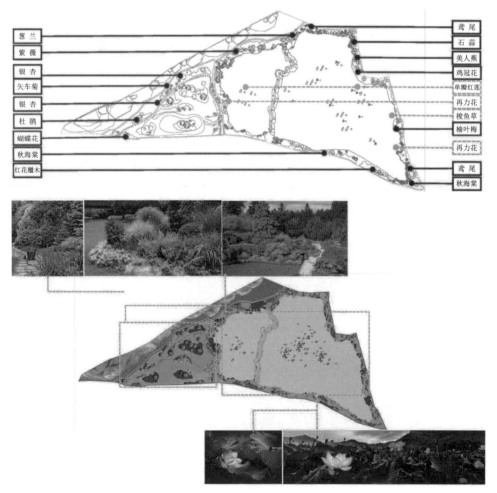

图2-3-21　村口北台地植物配置设计方案与效果图

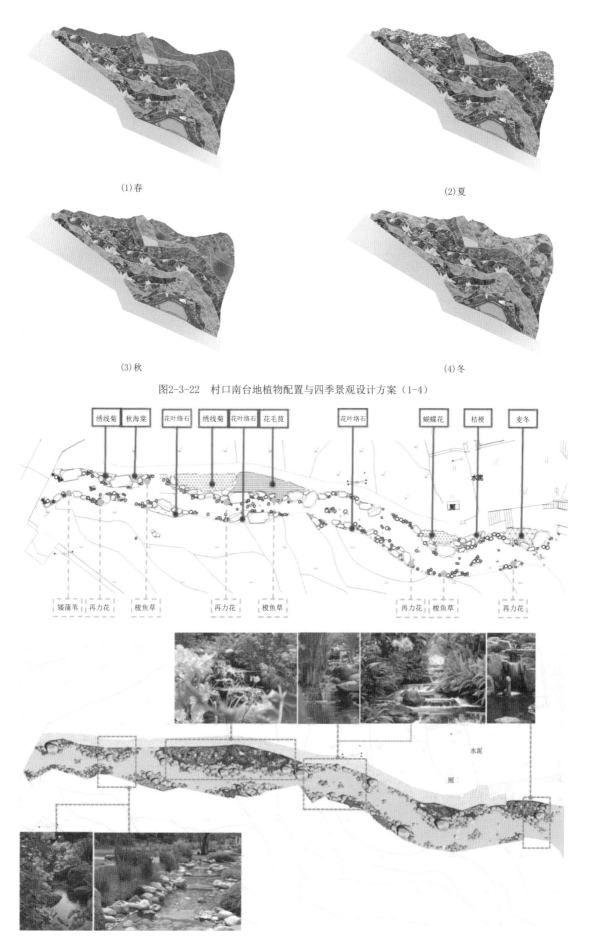

(1)春

(2)夏

(3)秋

(4)冬

图2-3-22 村口南台地植物配置与四季景观设计方案（1-4）

绣线菊 秋海棠 花叶络石 绣线菊 花叶络石 花毛茛 花叶络石 蝴蝶花 桔梗 麦冬

水泥

矮蒲苇 再力花 梭鱼草 再力花 梭鱼草 再力花 梭鱼草 再力花

水泥

图2-3-23 村口台地沿溪植物配置设计方案

3.6 村中沿古道休憩节点景观设计与营造

在肩挑马驮的年代，坐落在半山岭的半山村，是古代台州、温州之间的门户和重要驿站。穿村而过的石阶小路，正是当年台温之间的商旅要道。半山村的村口，至今仍留有一个路廊，是古驿道上供人歇脚休憩的所在。在黄永古道和半山溪沿线着重打造特色景观节点，使其有效连接古道、溪水与村民、游客的关系。半山村中的黄永古道驿站长廊是古道沿线重要的休憩点，一方面为村民及游客提供休闲驿站，另一方面将古道文化与乡村文化有机衔接。各节点结合具体环境条件形成古道沿线前、中、后相呼应的节点景观连接。这些休憩点在古道沿线多处布置，因地制宜充分利用半山村的竹子搭建大小不同形态各异的竹亭，与周边古建筑及环境融为一体。

3.6.1 节点景观设计原则与目标

针对半山村沿黄永古道和沿半山溪的休憩节点景观设计和营造，运用有机更新和可持续发展的理念，强调自然古朴、绿色生态的设计原则，以推动村庄发展为目标，提升村民生活品质为目的，运用当地石、竹、木等材料为主要元素进行整体景观设计，提高基础配套服务设施建设水平。沿溪两岸重要景观节点设计，实行小规模渐进式推进村庄改造建设的模式，在保留半山村原有风貌的基础上，进行可持续性打造。针对村落的生态环境、文化环境、空间环境、建筑环境、视觉环境、游憩环境等，遵循有机更新改造和延续发展的规划设计与建设思路，秉持可持续发展理念和古朴生态的设计原则，结合半山村丰富的景观资源，重点对沿溪两岸主轴线的20个重要景观节点的公共空间环境进行更新设计与改造。

总之，节点景观的建设工作依托半山村原有的自然景观风貌、优良的生态环境、丰富的旅游资源和深厚的文化底蕴，进一步加大对村庄节点环境建设工作的推进力度，结合半山村的景观形态保护、风俗文化传承、公共和旅游服务功能完善等方面的建设工作，努力打造和谐发展的美丽乡村环境（图2-3-24）。

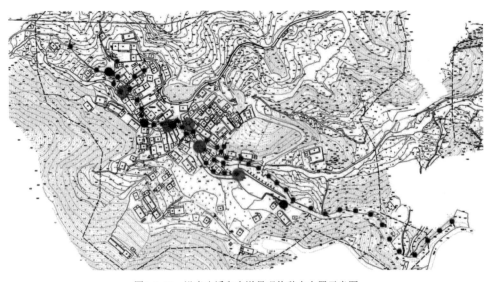

图2-3-24　沿半山溪和古道景观休憩点布置示意图

3.6.2 景观节点设施更新设计和营造

　　保护传统村落风貌，提升半山村的村庄环境品质，村中各处的景观节点公共服务设施更新设计和整体形象营造是重要的内容和手段。针对半山村目前实际情况和问题，首先可以通过导示牌、告示牌、垃圾桶、休闲座椅、路灯、凉亭等景观公共设施对公共空间环境品质进行整体设计和建设。目前村落中存在的问题主要有：导示牌、告示牌等造型单一，与整体环境不相协调；在主要节点、岔路口等处缺乏导引系统；重要节点如古树、古桥、古建筑、古道等缺乏介绍牌形式的文字说明；村中现有提示牌颜色过于艳丽，与环境主色调不统一等等。解决途径是运用艺术设计方法和手段将告示牌分为入口村庄介绍牌和告示栏，各个主要路口导示牌和重要节点的介绍牌四种类型，采用统一的元素和材料进行改造，使之与村庄风貌相协调。针对村中垃圾桶造型与整体环境不相协调，颜色过于艳丽与环境主色调不统一，垃圾中转站设置位置不合理且多处占据了重要节点空间等问题，同样可以运用统一的元素和材料，将垃圾桶的造型重新设计，使之更有乡土风貌，同时以竹子为材料对垃圾中转站进行改造，在保留原有的分类垃圾桶的基础上使其与村庄风貌相协调。针对村庄内公共休闲座椅造型单一缺少特色，与整体环境不相协调，休憩空间座椅较少，现有竹椅老化程度严重等现状问题，设计上突出强调采用当地的乡土材料竹子与条石，将休闲座椅设计成多种形式，具有古朴、自然的造型，使之与乡土环境相融合（图2-3-25 至图 2-3-44）。

图 2-3-25　半山村主入口村名石设计方案

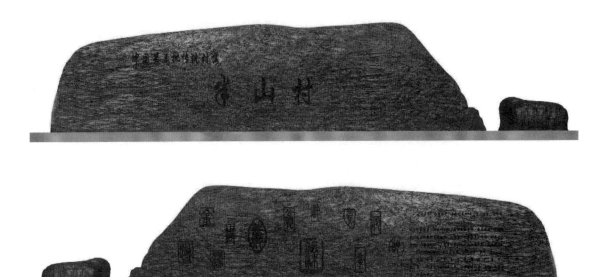

图2-3-26 半山村旅游中心广场村名石设计方案

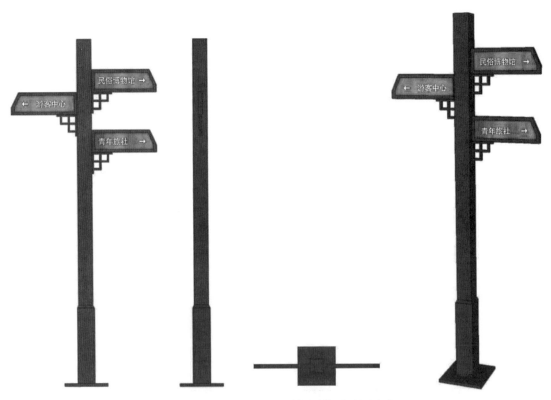

图2-3-27 半山村导示牌更新设计方案

图2-3-28　半山村挂式景点介绍牌更新设计方案

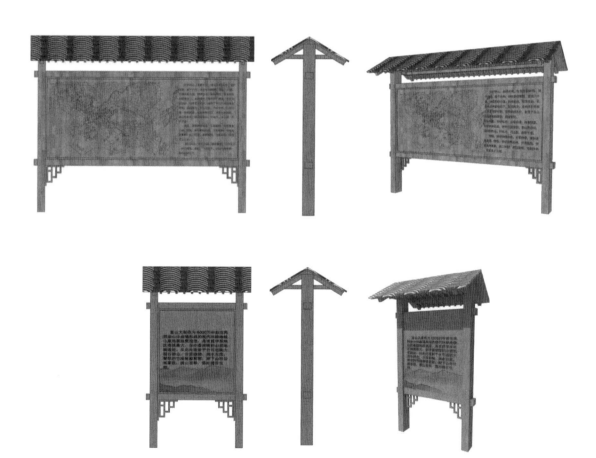

图2-3-29　半山村告示牌更新设计方案

图2-3-30　半山村立式景点介绍牌更新设计方案

中国传统村落景观环境保护与可持续发展建设探索　半山村

图2-3-31 半山村垃圾桶更新设计方案

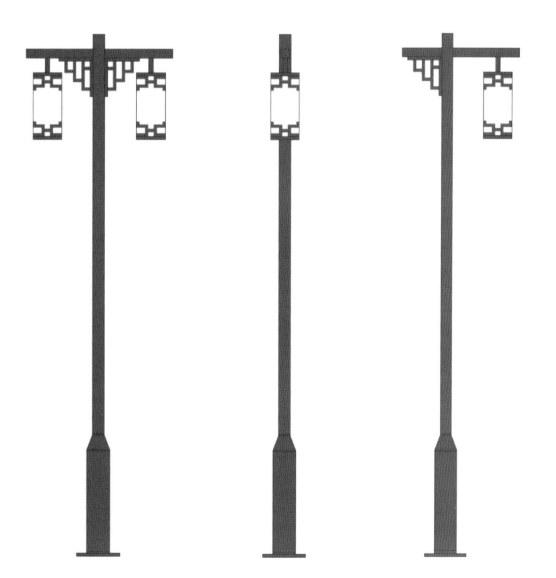

图2-3-32 半山村路灯更新设计方案-1

图2-3-33　半山村路灯更新设计方案-2

图2-3-34　半山村竹制垃圾中转房更新设计方案与环境

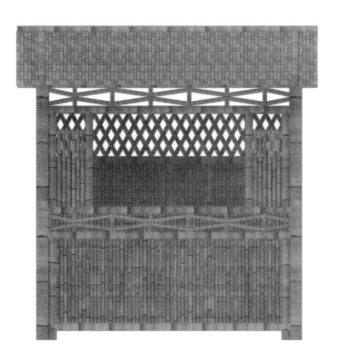

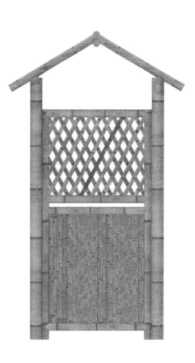

图2-3-35 半山村竹制垃圾中转房更新设计方案

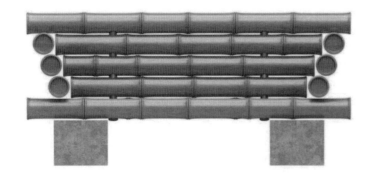

图2-3-36　竹制双人椅设计方案

图2-3-37　竹制单人椅设计方案

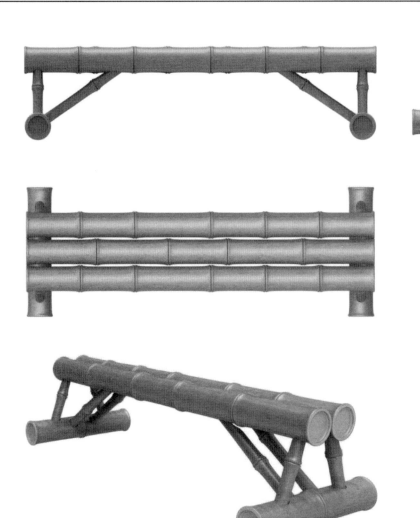

图2-3-38 竹制双人长凳设计方案

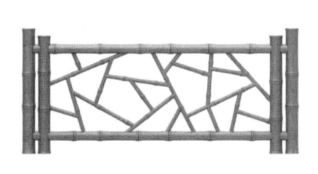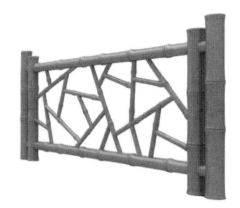

图2-3-39 竹制栅栏设计方案

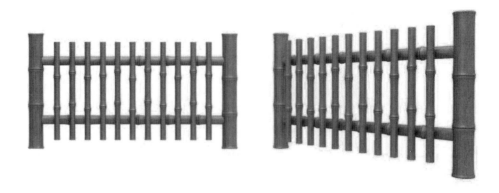

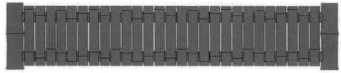

图2-3-40 竹制栅栏设计方案

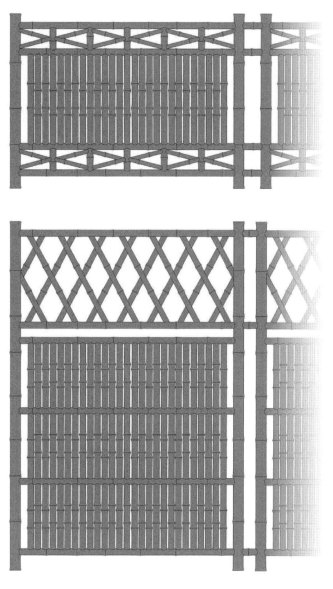

图2-3-41　竹制栅栏设计方案

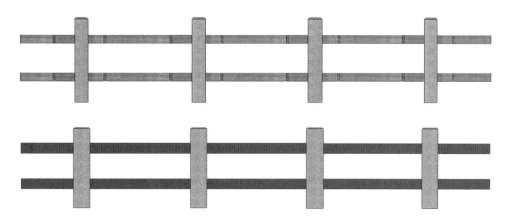

图2-3-42　竹木与石柱组合栏杆设计方案

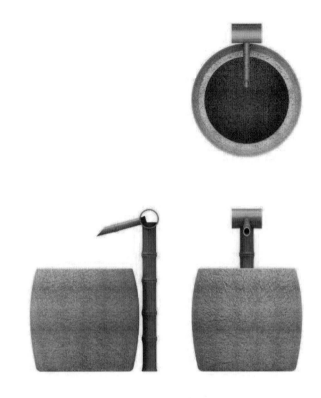

图2-3-43　竹与石组合饮水台设计方案

图2-3-44　竹制灯笼设计方案

目前村内景观轴线上重要休憩节点的休闲凉亭普遍存在亭子造型粗糙缺少特色，与整体环境不相协调一致，缺乏竹构筑物等现状问题。要运用统一的元素和竹材料，将亭子的造型设计为多种不同类型，并在重要节点增加亭子的数量，以增添村庄内休憩空间。休闲亭设计主要采用竹的元素，其装饰线条样式吸取当地传统建筑中的形式元素造型，整体简洁大方，地域性乡村特色鲜明。通过运用地域性景观元素对公共空间环境进行整体设计和营造，强调保护传统村落风貌，提升半山村的村庄环境品质（图2-3-45至图2-3-57）。

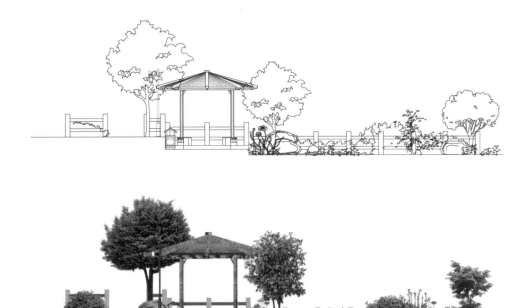

图2-3-45 六角竹亭与周边环境组合设计方案

图2-3-46 六角竹亭单体设计方案效果图

图2-3-47　六角竹亭单体设计方案效果图

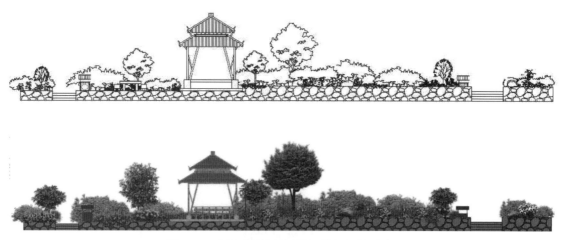

图2-3-48　四角重檐竹亭与周边环境组合设计方案

图2-3-49　四角重檐竹亭单体设计方案效果图

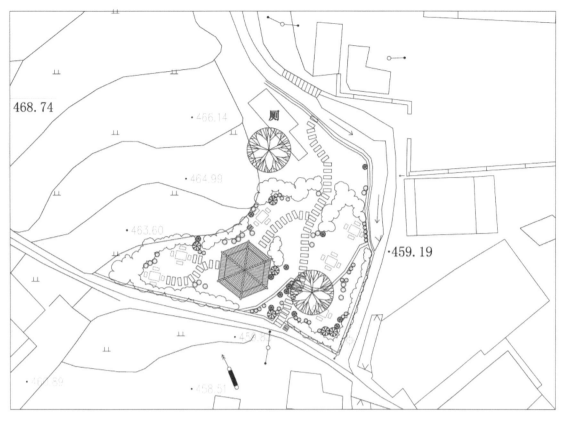

468.74

厕

·466.14

·464.99

·463.60

·459.19

图2-3-50　六角重檐竹亭与周边环境平面布置设计方案

图2-3-51　六角重檐竹亭与周边环境组合设计方案

图2-3-52　六角重檐竹亭与周边环境组合设计方案效果图

图2-3-53　六角重檐竹亭单体设计方案效果图

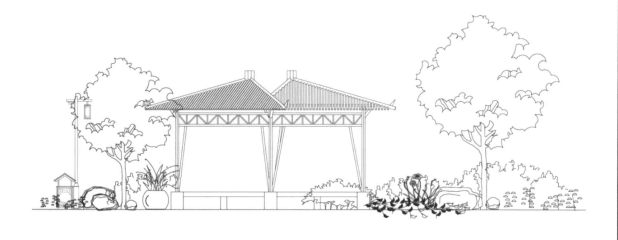

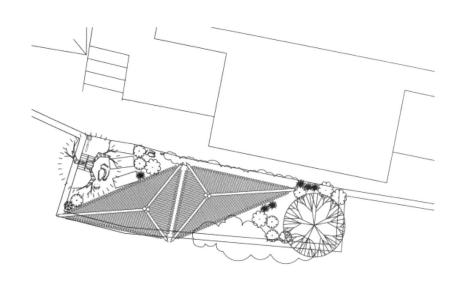

图2-3-54　鸳鸯竹亭与周边环境组合设计方案

图2-3-55 鸳鸯竹亭单体设计方案效果图

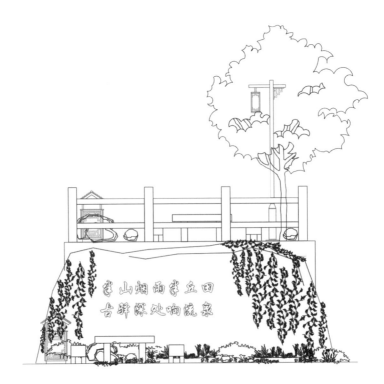

图2-3-56 村中休息节点环境设计方案

图2-3-57　村中休息节点环境设计方案效果图

3.6.3 半山村沿溪主轴线夜景观设计方案

半山村沿溪和沿古道的主轴线作为村庄的主要景观廊道和交通主路，无论白天还是夜晚，都是人流量较大的一条通道。道路的夜晚照明和节点的夜景观效果，也是半山村整体景观营造的重要组成部分，尤其是一些重要道路与景观节点，夜景观的氛围营造会对游客产生独特的环境体验感受。

目前半山村夜晚主要沿溪流和古道的交通路线上以路灯照明为主，满足基本的功能性照明需求，但是存在沿溪两岸路灯数量较少、照明匮乏、样式单一、分布不均，与整体古朴的村落环境不协调等问题。村庄景观轴线上的一些重要节点，如村入口、休闲廊亭和桥头路口等公共景观节点的夜景观照明设施明显不足，部分节点基本功能性照明薄弱，景观性照明缺失，商业性照明单一，缺乏美感和体验感，整体性景观效果较差。 因此，需要采用统一的设计元素对路灯进行更新设计，并根据场地不同划分双边路灯和单边路灯。基于不同的功能需求，增加路灯的数量，同时对路灯的间距进行适当调节。

半山村沿溪主轴线夜景观方案的设计理念是挖掘半山乡村夜景观资源，塑造半山乡村夜景观特色，提升半山乡村夜景观品质，丰富半山乡村夜景观文化内容。 设计原则主要遵循节能环保原则，体现视觉美观效果，注重景观的整体统一，传承半山村的历史文化等基本原则。设计思路将做到乡村文化与夜晚景观相结合、日景景观与夜景景观相结合、功能照明与景观照明相结合、静态景观与动态景观相结合。在夜景观设计方案中尤其强调自然夜光景象的保护与利用。自然夜光景象是指由月亮、星系、动植物等自然物体发射或反射的光线形成的夜间自然光线景观，相对城市来说，乡村更少受到光污染，所以半山村可充分利用其地理优势和夜晚自然光线，营造大自然奇妙的氛围，为人们创造亲近大自然的机会和条件（图2-3-58至图2-3-64）。照明技术方面要求按规范进行控制，选用符合国家标的高效率照明灯具。

图2-3-58 半山村入口夜景观设计方案效果图

图2-3-59 铜桥头景观照明设计方案效果图　　　　　图2-3-60 红豆杉树景观照明设计方案效果图

中国传统村落景观环境保护与可持续发展建设探索　半山村

图2-3-61 六角竹亭景观照明设计方案与效果图

图2-3-62 路灯照明设计方案示意图

图2-3-63　六角重檐竹亭景观照明设计方案与效果图

图2-3-64　六角重檐竹亭景观照明设计方案与效果图

3.7 半山村植物景观保护、更新设计与营造

　　半山村位于黄岩西部山区，整个村落被竹海包围，虽然周边植物资源丰富，但村域内的乔灌木和花卉草本种类单一，季相景观不明显。根据现存的问题提出对半山村进行沿溪主轴线景观的设计构想方案，能够较好地串联整个村域内具有特色的组团区域。主要目的在于优化村庄现有环境，丰富村域内的景观层次。村域内各个组团景观节点的打造形成了一条贯穿整个村落的景观轴线，使得沿溪景观呈现不同的视觉感受，从而提升半山村的整体形象。

3.7.1 植物景观设计原则

（1）以人为本原则：景观的优化和提升是一件双赢的事情，不仅能够提升村民的居住环境质量，还能为当地旅游业的发展和新兴产业的开发创造条件。设计要从村民需求出发，分门别类地对各个组团节点进行有序规划，做好资料的收录与分析，提出易于村民种植、养护和管理的植物种植方案，以方便村民使用。

（2）功能性设计原则：设计方案不仅收录了众多植物信息，还提供了具有针对性的具体植物搭配指导说明，方案实用性较高，能够很好地满足不同使用者的需求。

（3）经济性设计原则：植物的选择和景观设施的选用均以经济、美观、实用为原则，力求以最简单的材料和较少的资金投入，打造独具特色的乡土景观。

（4）美观性设计原则：在沿溪主轴线景观的设计中，节点的设计和植物的配置均以提升村域景观品质为前提开展各个节点的规划和设计工作。运用色彩搭配、大小对比、高低组合、季相变化等景观设计手法，创造具有观赏性的植物景观。

（5）个性化设计原则：沿溪主轴线景观设计打造的是一条独具半山村特色的景观轴线，它能够很好地体现和反映村庄的特色和风貌。溪口台地景观应设计为整体景观的重点区域，通过季相植物，四季不同景象的更迭，能极大地改善区域内景观单一的现状。

（6）生态可持续性原则：对地域性植物的保护和利用，有利于维护村域内现有的生态系统。此外，新增植物的选用均应根据半山村的自然条件，选择能适应当地自然环境的植物，这不仅能增加当地植物种类的多样性，还能丰富半山村的植物景观面貌。

3.7.2 现状调研与分析

运用田野调研的方法，系统分析半山村现有植物的种类和分布，以及植物景观特色，从乡村整体风貌营造的角度，科学、合理地选择植物种类，制定配置原则，进行植物组合空间布局，形成特色鲜明的半山村植物景观。植物的配置要在原有景观效果的基础上，增加品种，通过合理的选配，丰富植物组合形式，强化植物的色彩和季节变化，以此丰富半山村村域内的景观环境。

通过实地调研发现，半山村周边竹资源丰富，主要以毛竹为主。当地地带性植被以常绿阔叶林为主，但由于历史原因，农田以及竹林对常绿阔叶林的影响较为严重，导致村域内的植物种类比较单一。从村头至村尾沿主干路可见错落有致的梨树散布，梨树的数量较多，是村内具有特色的景观植物。村内乔灌木种类稀少，且分布不均，导致了村内景观层次单一，缺乏季相变化（图 2-3-65 至图 2-3-68）。在深入调研中，研究团队整理了半山村内常见和具有一定观赏价值的乔木、灌木和花卉草本植物的清单，在系统了解场地现有植物资源的基础上，形成科学合理的植物配置体系，以此作为营造半山村植物景观环境的配置方案，提供村民和建设部门作为植物保护和配置工作中可遵循的依据和导则。半山村具有一定观赏价值的乔木、灌木和地被植物详见附表（表 2-3-1 至表 2-3-3）。

图2-3-65 半山村毛竹资源 极为丰富　　图2-3-66 具有300多年树龄的 红豆杉　　图2-3-67 具有400多年树龄的 古枫树

图2-3-68 沿溪两侧有数十棵百年以上的梨树

表 2-3-1 半山村具有观赏价值的乔木植物

植物名称	花期时间	形态特征	生长习性	主要价值
南方红豆杉	花期5-6月	乔木，高达30米，胸径达 600-100 厘米	适合亚热带至暖温带，耐阴，喜温暖湿润的气候	（1）经济价值 （2）观赏价值 （3）药用价值
楝树	花期4-5月 果期11月	落叶乔木，高达 10 余米	喜温暖湿润气候，喜光，不耐阴，较耐寒	（1）经济价值 （2）观赏价值 （3）药用价值
粗榧	花期4-5月	常绿小乔木或灌木，多分枝，自然形态	耐阴，较喜温暖，较耐寒，喜温凉、湿润气候	（1）经济价值 （2）观赏价值

植物名称	栽种时间	形态特征	生长习性	主要价值
柳杉	花期 4 月 果期 10 月	乔木，高达 40 米，主干通直	喜光，喜温暖湿润	（1）经济价值 （2）药用价值
马褂木	花期 5 月 果期 9 月	乔木，高达 40 米，叶呈马褂状	喜光及温和湿润气候，有一定的耐寒性，喜深厚肥沃	（1）经济价值 （2）观赏价值 （3）药用价值
枫香	花期 3-4 月 果期 10 月	落叶乔木，高达 30 米，胸径最大可达 1 米	喜温暖气候，性喜光，幼树稍耐阴，耐干旱瘠薄土壤，不耐水涝	（1）经济价值 （2）药用价值
杉木	花期 3-4 月 果期 10 月	乔木，高达 30 米，树冠呈圆锥形	亚热带树种，较喜光，喜温暖湿润，怕旱	（1）经济价值 （2）药用价值
玉兰	花期 2-3 月	落叶乔木，高达 25 米，枝广展呈宽阔的树冠	喜光，较耐寒，可露地越冬，爱干燥，忌低湿	（1）经济价值 （2）观赏价值 （3）药用价值 （4）食用价值
梨树	花期 2-3 月 果期 10 月	多年生落叶果树，乔木，单叶互生	喜温，喜光，水分充足，对土壤适应性强	（1）药用价值 （2）食用价值
樱花树	花期 3-5 月	乔木，高 4-16 米，叶片卵形	喜阳光，喜温暖湿润，对土壤的要求不高	观赏价值

表 2-3-2 半山村具有观赏价值的灌木和藤本植物

植物名称	花期时间	形态特征	生长习性	主要价值
八仙花	花期 6-8 月	落叶灌木，小枝粗壮，皮孔明显，叶大而稍厚，对生	喜温暖、湿润和半阴环境	观赏价值
茶梅	花期 11 月初至来年 4 月	小乔木，嫩枝有毛	喜阴湿，以半阴半阳最为适宜	观赏价值
结香	花期 5-6 月	灌木，小枝粗壮，高约 0.7-1.5 米	喜半阴，喜湿润土地，耐寒	（1）经济价值 （2）观赏价值 （3）药用价值
杜鹃	花期 4-6 月	常绿灌木，树冠丰满，分枝稠密	喜凉爽、湿润、通风的半阴环境，既怕酷热又怕严寒	（1）经济价值 （2）观赏价值 （3）药用价值
忍冬	花期 4-6 月	半常绿藤木，花蕾细棒槌状	适应性强，对土壤和气候的要求不高	药用价值

植物名称	花期时间	形态特征	生长习性	主要价值
紫藤	花期 4-5 月	落叶攀援缠绕性大藤本植物	暖温带植物，对气候和土壤的适应性强，较耐寒，能耐水湿及瘠薄土壤，喜光，较耐阴	(1) 经济价值 (2) 观赏价值 (3) 药用价值 (4) 食用价值 (5) 环保价值
凌霄	花期 5-8 月	攀援藤本；茎木质，枯褐色，以气生根攀附于它物之上	喜充足阳光，也耐半阴。适应性较强，耐寒、耐旱、耐瘠薄	(1) 经济价值 (2) 观赏价值 (3) 药用价值
络石	花期 5-8 月	常绿木质藤本，长达10 米	喜弱光，亦耐烈日高温。对气候的适应性强，能耐寒冷，亦耐暑热，但忌严寒	(1) 观赏价值 (2) 药用价值
薜荔	花期 5-8 月	攀援或匍匐灌木，常绿藤本，蔓生，叶椭圆形，花隐于花托内	耐寒喜阴	(1) 观赏价值 (2) 药用价值 (3) 食用价值

表 2-3-3 半山村具有观赏价值的地被植物

植物名称	花期时间	形态特征	生长习性	主要价值
百合	花期 5-6 月	多年生草本，株高70-150 厘米	喜凉爽，较耐寒。高温地区生长不良。喜干燥，怕水涝	(1) 食用价值 (2) 观赏价值 (3) 药用价值
百日草	花期 6-8 月	一年生草本，茎直立，高 30-100 厘米	喜温暖，不耐寒，喜阳光，怕酷暑，性强健，耐干旱，耐瘠薄，忌连作	(1) 观赏价值 (2) 药用价值
波斯菊	花期 6-8 月	一年生或多年生草本植物，花分单、重瓣	喜阳光，耐贫瘠土壤，忌肥	(1) 观赏价值 (2) 药用价值
凤仙花	花期 7-9 月	一年生草本，高 60-100 厘米，茎直立，粗壮	喜阳光，怕湿，耐热不耐寒	(1) 经济价值 (2) 观赏价值 (3) 药用价值
蜀葵	花期 6-8 月	两年生直立草本，高达 2 米	喜阳光充足，耐半阴，但忌涝。耐盐碱能力强，耐寒冷	(1) 观赏价值 (2) 药用价值
美人蕉	花、果期3-12 月	多年生草本植物，高可达 1.5 米	喜温暖和充足的阳光，不耐寒	(1) 经济价值 (2) 药用价值
睡莲	春季萌芽花期 6-8 月	多年生水生草本；根状茎肥厚，柄圆柱形，细长	喜阳光，通风良好，对土质要求不严	(1) 观赏价值 (2) 药用价值
爬山虎	花期 6 月	多年生大型落叶木质植物，藤茎可达 18 米	适应性强，性喜阴湿环境，耐寒，耐旱，耐贫瘠，气候适应性广泛	(1) 观赏价值 (2) 药用价值

植物名称	花期时间	形态特征	生长习性	主要价值
麦冬	花期 5-8 月	常绿草本植物，根较粗，茎很短，生成丛	喜温暖湿润，生长过程中需水量大，要求光照充足	（1）药用价值 （2）食用价值
虎耳草	花期 4-11 月	多年生草本，鞭匐枝细长	喜温暖湿润，喜半阴环境	药用价值

在对半山村现有场地植物调研分析与梳理后，强调对村中具有一定观赏价值的乔木、灌木和花卉植物着重进行保护和有效利用。其中，对有比较珍贵价值的南方红豆杉可在对其保护的基础上结合周边环境元素，营造特色景观节点环境。村中梨树数量最多，可以此作为半山村的植物景观特色，突出梨树文化形象特征，结合每年的梨花节赏花活动，营造梨树的季相景观特色效果。目前村中的灌木栽植缺乏合理的规划布置，乔灌木之间的组合混乱，缺乏色叶灌木，季相变化单一，景观效果差强人意。可通过增加具有一定观赏价值的色叶灌木提升和丰富景观层次，科学合理规划灌木分布以及与乔木、花卉草本的组合形式。村中具有一定观赏价值的花卉草本十余种，处于自由生长状态，缺乏合理规划与配置，尤其缺乏与乔灌木植物之间的联系和有机组合，需要结合场地设计组合形式、种植容器和景观小品，增加具有一定观赏价值的常见草本花卉植物，进行多样化的配置，丰富季相植物景观环境。

3.7.3 植物的选择配置和景观营造方法

（1）新增植物的选择

半山村新增植物是基于村域内现有植物现状，并综合气温、降雨量、土壤等自然因素系统考虑所得，这些植物均能很好地适应当地的自然环境。设计配置方案挑选了近百种乔灌木和花卉草本植物，在植物的选择上主要考虑植物的观赏价值和生态因素对植物生长习性的影响。同时特别增加了一些药用植物，通过药用植物的种植能在美化村域景观的同时提升经济价值。利用半山村优越的自然环境，发展当地新产业，为村民们带来经济利益，带动半山村的经济发展。

（2）新增植物的配置

半山村地处山区，海拔 400 余米。由于海拔、坡度、坡向等不同，形成一些小气候，因而植物的栽种和配置需要考虑温度和不同植物喜阴、喜阳等因素。新增植物在不同位置的配置充分考虑了场地特点，并根据植物自身的生长习性进行合理的布置。新增植物主要以多年生花卉草本为主，并适量补种一年生草本及乔灌木，强调色彩丰富、特色鲜明，特别是季相性变化。对一些节点景观，通过植物丰富景观层次，增加空间环境变化。

植物景观设计中新增的植物按季节划分，根据开花时间的不同、呈现的观赏效果的差异，配置观赏效果最佳的不同季节的花卉草本植物，并将其作为主要观赏植物，以突出节点的景观特色。对花色艳丽、植株较大或者应用较少的植物作为点缀植物，以此丰富和衬托主要观赏植物。半山村景观保护与更新设计的植物配置详表（表 2-3-4 至表 2-3-8），可作为指导植物景观营造的基本依据方案。

表 2-3-4 半山村新增乔木植物表

植物名称	栽种要点	形态特征	生长习性	主要价值
青枫	花果期5-6月	落叶小乔木，树冠伞形	喜疏荫环境，夏日怕日光曝晒，抗寒性强，耐旱	（1）观赏价值 （2）药用价值
大叶早樱	春季栽种，花期3-4月	落叶乔木，高3-10米，花伞形，淡红色	对气候、土壤适应性范围较宽。喜欢阳光、耐寒、抗旱，不 耐盐碱，根系浅，对烟及风抗力弱	观赏价值
榆叶梅	嫁接、播种、压条等方法，以嫁接效果最好；花期4月	灌木稀小乔木，高2-3米，枝条开展，花粉红色	喜光，稍耐阴，耐寒，能在-35℃下越冬。对土壤要求不严，根系发达，耐旱力强。不耐涝，抗病力强	（1）观赏价值 （2）药用价值
木荷	2月上旬育苗。花期6-8月	大乔木，高25米，树干通直	喜光，幼年稍耐庇荫。适应亚热带气候	（1）绿化价值 （2）药用价值 （3）经济价值
茶梅	5月进行扦插	小乔木，嫩枝有毛	性喜阴湿，以半阴半阳最为适宜	观赏价值
银杏	5月下旬至6月中旬扦插	落叶大乔木，高可达40米，叶扇形有长柄	喜适当湿润而排水良好的深厚壤土，适于生长在水热条件比较优越的亚热带地区。在酸性土可生长良好	（1）观赏价值 （2）药用价值 （3）经济价值 （4）食用价值
紫薇	3-4月播种，7-8月嫩枝扦插，花期6-9月	落叶灌木或小乔木，高可达7米，枝干多扭曲	喜暖湿气候，喜光，略耐阴，喜肥，尤喜深厚肥沃的砂质土壤，好生于略有湿气之地，能抗寒	（1）食用价值 （2）药用价值 （3）观赏价值
水杉	春夏栽种和培植	乔木，高达35米，小枝对生，下垂，叶线形	喜气候温暖湿润，喜光，耐寒，不耐贫瘠和干旱	（1）经济价值 （2）园林价值

表 2-3-5 半山村新增灌木植物表

植物名称	栽种要点	形态特征	生长习性	主要价值
杜鹃	扦插、嫁接、压条、分株、播种	常绿灌木，春季开花，枝冠丰满	性喜凉爽、湿润、通风的半阴环境，既怕酷热又怕严寒	（1）观赏价值 （2）药用价值 （3）经济价值
结香	一般在2至3月进行扦插	落叶灌木，高约0.7-1.5米，花期冬末春初，果期春夏间	喜生于阴湿肥沃地，耐寒	（1）药用价值 （2）观赏价值 （3）经济价值
锦带花	播种、扦插、压条	落叶灌木，高达1-3米，枝条开展、弯曲	耐瘠薄土壤，萌芽力强，生长迅速，喜生于阴或半阴处，喜光，耐阴，耐寒	观赏价值

植物名称	栽种要点	形态特征	生长习性	主要价值
红花檵木	扦插 3-9 月，春夏播种	常绿灌木，分枝多，球形形态，紫红色花	喜光，稍耐阴，适应性强，耐旱，喜温暖、耐寒冷，耐瘠薄，适宜酸性土壤	（1）观赏价值 （2）经济价值
红叶石楠	3 月上旬春插，6 月上旬夏插，9 月上旬秋插	常绿灌木，高 1-2 米，花期 4-5 月。梨果红色	喜光，稍耐阴，喜温暖湿润气候，耐干旱瘠薄，不耐水湿	观赏价值
火棘	秋播，扦插时间从 11 月至翌年 3 月均可进行	常绿灌木或小乔木，夏有繁花，秋有红果	喜光，稍耐阴，喜温暖湿润气候，耐干旱瘠薄，不耐水湿	（1）食用价值 （2）药用价值 （3）园林价值
腊梅	5 月下旬至 6 月下旬芽接繁殖	落叶灌木，常丛生。冬末先叶开花	性喜阳光，稍耐阴，较耐寒，耐旱，喜中性或微酸性砂质土壤	（1）观赏价值 （2）药用价值
南天竹	繁殖以播种、分株为主，也可扦插。分株宜在春季萌芽前或秋季进行	常绿小灌木，叶冬季变红色，花期 3-6 月，果期 5-11 月，球形红色浆果	性喜温暖湿润的环境，较耐阴，也耐寒。容易养护，对水分要求不甚严格	（1）药用价值 （2）观赏价值
蔷薇	一年四季均可栽植	直立、蔓延或攀援灌木	喜生于路旁、田边或丘陵地的灌木丛中，耐寒	（1）药用价值 （2）观赏价值
栀子	播种期分春播和秋播，以春播为好，扦插期秋季 9 月下旬至 10 月下旬，春季 2 月中下旬	常绿灌木，高 0.3-3 米，白色簇状花朵，通常单朵生于枝顶	性喜温暖湿润气候，好阳光但又不能经受强烈阳光照射，适宜生长在酸性土壤	（1）药用价值 （2）观赏价值
朱砂根	常于春末秋初用当年生的枝条进行嫩枝扦插	常绿矮小灌木，高 1-2 米，茎粗壮，白色花，红色果球	喜温暖、湿润、荫蔽、通风良好的环境	（1）药用价值 （2）观赏价值
金丝桃	分株在冬春季进行，播种则在 3-4 月进行	灌木，丛状，通常有疏生的开张枝条，花期 5-8 月，果期 8-9 月	生于山坡、路旁或灌丛中，小枝纤细且多分枝，长椭圆形叶，黄色花	（1）药用价值 （2）观赏价值
绣球	梅雨季节进行扦插	落叶灌木，高 1-4 米，花期 6-8 月	喜温暖、湿润和半阴环境，注意防涝	观赏价值

表 2-3-6 半山村新增藤本植物表

植物名称	栽种要点	形态特征	生长习性	主要价值
花叶络石	扦插、嫁接、压条、分株、播种	常绿木质藤蔓植物，春季开花，匍匐生长，节节生根，斑状花叶	性喜凉爽、湿润、通风的半阴环境，既怕酷热又怕严寒	（1）观赏价值 （2）药用价值 （3）经济价值
云南黄馨	8-9 月以扦插法繁殖	常绿直立亚灌木，高 0.5-5 米，花果期 3-4 月，枝小柔软下垂	性耐阴，全日照或半日照均可，为喜温暖植物	观赏价值
紫藤	在 3 月进行播种、压条、分株、嫁接	落叶藤本植物，茎左旋，枝较粗壮，花期 4-5 月，果期 5-8 月	暖带及温带植物，气候和土壤的适应性强，较耐寒，能耐水湿及瘠薄土壤，喜光，较耐阴	（1）观赏价值 （2）药用价值 （3）食用价值 （4）环保价值

表 2-3-7 半山村新增地被植物表

植物名称	栽种要点	形态特征	生长习性	主要价值
波斯菊	种子繁殖，一般 4-6 月播种	一年生或多年生草本植物，花期 6-8 月，果期 9-10 月，花色丰富艳丽，花朵有单、重瓣之分	喜光，耐贫瘠土壤，忌肥，忌炎热，忌积水，不耐寒	（1）观赏价值 （2）药用价值
紫堇	春季播种，通常与禾本科植物套种	一年生草本植物，高 20-50 厘米，茎分枝，叶片近三角形，花期 4-5 月，果期 5-6 月	生于海拔 400-1200 米左右的丘陵沟边或多石地	（1）观赏价值 （2）药用价值
碧冬茄	播种繁殖为主，可春播也可秋播；扦插全年均可	一年生草本，高 30-60 厘米，叶有短柄，卵形，花冠有条纹，花期由 4 月至降霜	喜温暖，不耐寒。适生于阳光充足、通风良好的环境	观赏价值
大花葱	9-10 月秋播，翌年 3 月发芽出苗	多年生草本植物，花期 5-6 月，花为紫色，球状，如同超级棒棒糖	花期春、夏季，性喜凉爽阳光充足的环境，忌湿热多雨，忌连作，适温 15℃ -25℃	观赏价值
红花酢浆草	球茎繁殖和分株繁殖	多年生直立草本。花、果期 3-12 月，无地上茎，叶扁圆状倒心形	喜向阳、温暖、湿润的环境，抗旱能力较强，不耐寒	（1）药用价值 （2）观赏价值
蝴蝶花	春天播种	多年生常绿草本，高 40-60 厘米，花期 4-5 月，花朵有紫、白、黄三色	喜阳光，喜凉爽，较耐寒，能适应一般土壤	药用价值
花毛茛	分株繁殖，分株在 9-10 月进行	多年宿根草本花卉。株高 20-40 厘米，花期 4-5 月，花色丰富艳丽	喜凉爽及半阴环境，忌炎热，既怕湿又怕旱	观赏价值
角堇	多用播种繁殖，多秋播	多年生草本，株高 10-30 厘米	喜凉爽环境，忌高温，耐寒性强	观赏价值

植物名称	栽种要点	形态特征	生长习性	主要价值
麦冬	4-5月分株繁殖	多年生常绿草本，叶基生成丛，禾叶状，花期5-8月，果期8-9月	喜温暖湿润，生长过程中需水量大，喜光	（1）观赏价值 （2）药用价值
美人蕉	3-4月进行块茎繁殖	多年生草本，高可达1.5米，单叶互生，花冠红色，花、果期3-12月	喜温暖和充足阳光，不耐寒。对土壤要求不严，在疏松肥沃、排水良好的沙土壤中生长最佳，也适应于肥沃黏质土壤生长	（1）观赏价值 （2）药用价值
石竹	9月进行播种繁殖	多年生草本，高30-50厘米，丛生，直立，上部分枝；红白色花，有齿裂和斑纹，花期5-9月	性耐寒、耐干旱，不耐酷暑，喜阳光充足、干燥，通风及凉爽湿润气候	（1）观赏价值 （2）药用价值
天竺葵	春、秋季可进行播种繁殖、扦插	多年生草本，高30-60厘米。花期5-7月，果期6-9月	性喜冬暖夏凉，最适温度为15℃-20℃，喜光，不喜大肥	（1）观赏价值 （2）药用价值 （3）美容价值
萱草	以分株繁殖为主，育种时用播种繁殖	多年生草本，叶基生成丛，条状披针形，圆锥花序顶生，橘红色花，花果期为5-7月	耐寒，适应性强，喜湿润也耐旱，喜阳光又耐半荫	（1）观赏价值 （2）药用价值
油菜花	冬季播种	一年生草本植物，茎粗壮，直立丛生，花黄色伞房状	耐凉冷，抗旱力强	（1）观赏价值 （2）经济价值
郁金香	分球繁殖	多年生草本，花色有白、粉红、洋红、紫、褐、黄、橙等，深浅不一、单色或复色	长日照花卉，性喜向阳，喜避风且冬季温暖湿润、夏季凉爽干燥的气候，耐寒性强	（1）药用价值 （2）观赏价值
长春花	3-4月播种育苗	亚灌木，花期、果期几乎全年，聚伞花序	性喜高温、高湿、耐半阴，不耐严寒	药用价值
金盏菊	9月中下旬繁殖播种	一年生草本植物，株高30-60厘米，花桂黄色，花期1-6月	喜阳光充足环境，适应性较强，怕炎热天气	（1）观赏价值 （2）药用价值
孔雀草	春播种植，为了控制植株高度可夏季播种	一年生草本，高30-100厘米，茎直立，头状花序单生，花期7-9月	喜光，以肥沃、排水良好的砂质土壤为宜	（1）观赏价值 （2）药用价值
矢车菊	春秋均可播种，以秋播为好	一年生草本植物，高可达70厘米，直立，分枝，盘花，花果期2-8月	适应性较强，喜欢阳光充足，不耐阴湿	（1）园艺价值 （2）美容价值
百合	春、夏播种种植	多年生草本，株高70-150厘米，无节，花期6-7月，果期7-10月	喜凉爽，较耐寒。高温地区生长不良。喜干燥，怕水涝	（1）营养价值 （2）观赏价值

半山村景观形态保护与发展的设计实践

植物名称	栽种时间	形态特征	生长习性	主要价值
百子莲	3-4月采用分株繁殖为宜	多年生草本,株高50-70厘米,花色深蓝色或白色。花期7-8月	喜温暖、湿润和阳光充足环境,疏松肥沃的砂质土壤为宜	观赏价值
葱兰	2-3月采用分株繁殖为宜	多年生草本,叶狭线形,肥厚,白色花,生于花茎顶端,花期7-11月	喜肥沃土壤,喜阳光充足,耐半阴与低湿、较耐寒	(1) 观赏价值 (2) 药用价值
荷兰菊	最佳播种期为7-8月	多年生草本花卉,株高50-100厘米,叶椭圆形,头状花序,单生,蓝色,花期10月	喜肥沃土壤,喜阳光充足,耐半阴与低湿、较耐寒	观赏价值
火星花	分球繁殖,植株的蔓生力强	多年生草本,地上茎高约50厘米,常有分枝。花期6-8月	喜充足阳光、耐寒	(1) 观赏价值
桔梗	秋播、冬播或春播,以秋播最好	多年生草本植物,茎高20-120厘米,花单朵顶生,花期7-9月	喜凉爽气候,耐寒、喜阳光	(1) 食用价值 (2) 药用价值 (3) 经济价值
马鞭草	4月下旬-5月上旬播种为佳	多年生草本,高30-120厘米,蓝紫色穗状花序,花期6-8月,果期7-10月	喜干燥、阳光充足的环境。对土壤要求不严。喜肥,喜湿润,怕涝,不耐干旱	观赏价值
美女樱	播种和扦插繁殖,5-6月进行扦插	多年生草本,株高10-50厘米,花开呈伞状,花期为5-11月	喜温暖湿润气候,喜阳,不耐干旱,对土壤要求不严	(1) 药用价值 (2) 观赏价值
秋海棠	播种以春秋季为宜,或采用根、茎、叶扦插	多年生草本,茎直立,叶互生,叶色柔媚,花形多姿,花期7月开始,果期8月开始	不耐寒、不耐干燥,性喜温暖凉爽,土壤湿润的环境	(1) 药用价值 (2) 观赏价值
射干	春播在清明前后进行,秋播在9-10月	多年生草本,花期6-8月,果期7-9月	适于林缘或山坡草地	(1) 药用价值 (2) 观赏价值
石蒜	采用播种、根种分球、鳞块切割等方法繁殖	多年生草本,叶狭带状,花茎高30厘米,伞形花序,花期夏末秋初	喜阳光、潮湿环境,但也能耐半阴和干旱环境,稍耐寒,生命力颇强,对土壤无严格要求	(1) 药用价值 (2) 观赏价值
绣线菊	采用播种和扦插繁殖	落叶灌木,高可达2米,枝条密集,叶片披针形,花序为粉白色长圆锥形,花期6-8月,果期8-9月	喜光耐阴,抗寒,抗旱,喜温暖湿润的气候和深厚肥沃的土壤。萌蘖力和萌芽力均强,耐修剪	(1) 药用价值 (2) 园林绿化
银叶菊	采用播种和扦插繁殖	多年生常绿草本植物,花期6-9月	喜凉爽湿润、疏松肥沃的砂质壤土或富含有机质的黏质壤土	观赏价值

中国传统村落景观环境保护与可持续发展建设探索 半山村

植物名称	栽种要点	形态特征	生长习性	主要价值
朱顶红	播种、分球和扦插法繁殖	多年生草本，花茎稍扁，高约40厘米，花形漏斗状，花期夏季	性喜温暖、湿润气候，适温为18℃-25℃，不喜酷热，喜砂质土壤	观赏价值
一串红	播种或扦插繁殖，3月初播种，扦插多用嫩枝，以3-5月或9-10月较为适宜	亚灌木状草本，茎生卵圆形叶，花序修长，色红鲜艳，花期9-10月	喜阳，耐半阴，要求疏松、肥沃和排水良好的砂质壤土，耐寒性差	观赏价值
凤仙	种子繁殖，3-9月进行播种，以4月播种最为适宜	一年生草本，高60-100厘米，茎粗壮直立，叶片披针形，花单生或2-3朵簇生叶腋，花期7-10月	性喜阳光，怕湿，耐热，不耐寒。生存力强，适应性好	（1）药用价值（2）观赏价值（3）食用价值（4）使用价值
鸡冠花	种子繁殖法，夏播于芒种后	一年生草本，高30-80厘米，单叶互生，夏秋季开花，花多为红色，呈鸡冠状	喜温暖干燥气候，怕干旱，喜阳光，不耐涝，但对土壤要求不严	（1）药用价值（2）观赏价值（3）园林价值
万寿菊	采用播种、扦插方式繁殖，夏季扦插易发根，成苗快	一年生草本，茎直立，粗壮，高50-150厘米，头状花序单生，花期7-9月	喜光性植物，生长适宜温度为15℃-25℃，花期适宜温度为18℃-20℃	（1）药用价值（2）观赏价值（3）食用价值（4）环保价值
夏堇	采用播种繁殖	一年生草本，株高15-30厘米，卵形叶片，花冠青紫色，夏秋花期	喜光植物，能耐阴，不耐寒，能自播，喜排水良好土壤	（1）营养价值（2）观赏价值
向日葵	以种子播种繁殖，播种时间：3-4月	一年生草本，高1.0-3.5米，茎直立，粗壮，茎顶头状花盘，花期可达两周以上	喜温又耐寒、耐涝，各类土壤均能生长	（1）净化价值（2）观赏价值（3）食用价值
月见草	秋季或春季播种育苗	直立两年生粗壮草本，茎生叶，叶片倒披针形，花序穗状，苞片叶状	常生开旷荒坡路旁。耐旱耐贫瘠，黑土、沙土、黄土、幼林地、轻盐碱地、荒地、河滩地、山坡地均适合	（1）药用价值（2）经济价值
洋水仙	采用鳞茎进行分球播种和繁殖	多年生草本，花茎挺拔，顶生一花，花朵硕大，呈喇叭形，花瓣黄色	喜好冷凉的气候，忌高温多湿，喜肥沃、疏松砂质壤土	观赏价值

表 2-3-8 半山村新增水生植物表

植物名称	栽种要点	形态特征	生长习性	主要价值
荷花	采用种子育苗和分藕栽植	多年生水生草本花卉，茎长有节，叶圆盾形，花单生梗顶，花期6-9月	性喜相对稳定的平静浅水，湖沼泽地、池塘，是其适生地	（1）观赏价值（2）药用价值（3）食用价值

植物名称	栽种要点	形态特征	生长习性	主要价值
再力花	采用播种和分株方法繁殖，也可用根茎分扎繁殖	多年生挺水草本，叶卵状披针形，花茎细长，茎端开紫色花序，植株高100-250厘米	主要生长于河流、水田、池塘、湖泊、沼泽以及滩涂等水湿低地，适生于缓流和静水水域	观赏价值
鱼腥草	扦插繁殖，在夏季高温季节，在露地苗床内扦插	多年生草本，株高20-60厘米，茎呈扁圆柱形，扭曲；叶互生、卷折状；穗形花序，花期5-7月	喜湿润，生于田埂、沟边及背阴山地草丛中，亦能蔓生	药用价值
梭鱼草	分株法：可在春夏两季进行，自植株基部切开即可。种子繁殖：一般在春季进行	多年生挺水或湿生草本，株高80-150厘米，地茎叶丛生，紫色穗状花序顶生，花期5-10月	喜温、喜阳、喜肥、喜湿、怕风不耐寒，静水及水流缓慢的水域中均可生长，适宜在20厘米以下的浅水中生长	观赏价值
鸢尾	多采用分株和播种法繁殖；分株：春季花后或秋季进行均可	多年生草本，根状茎粗壮，叶宽剑形，紫蓝色花瓣，花期4-5月，果期6-8月	耐寒性较强，喜阳光充足，喜温而不耐涝，适合黏质土壤	（1）药用价值 （2）观赏价值

（3）景观营造的方法

半山村的植物景观营造，以沿溪轴线设置组团景观节点，以季节序列打造不同的景观主题，突出村域内景观在四季中的变化。其中村头入口各处节点和溪口台地以四季植物景观营造为主，其他组团节点在季相变化上应各有侧重。组团景观节点的选择和划分要结合实际场地现状，选取具有最佳观景效果的场地和植物组合配置。植物景观节点均匀分布在村落内，力求从村头到村尾都能呈现不同的景致。植物组团景观节点的季相划分是根据场地周边现状和视线结构特点，强调不同节点以某个季节景观为主，其他季节为辅，使得村域内在不同季节皆可看到宜人的景色。通过组团节点植物景观类型的有机配置，使不同的组团节点具有一种或多种植物景观类型，以此丰富半山村的植物景观层次。设计方案不仅有针对和有侧重地对各个组团景观节点的植物配置和景观小品进行详细的设计，还提供了大量的植物信息和设计素材以便村民使用。

3.7.4 植物景观设计内容

（1）对半山村自然地理环境、植物规划、具体节点涉及的资源条件和现状问题进行整理和分析，作为整体设计的依据；将植物景观分为三部分，分别从组团造景植物、房前屋后植物和沿街、沿溪植物将植物进行分类，提出四季植物景观整体规划方案，优化和选择在方案中主要设计配置的植物，其中还包括为使用者提供选植的注意事项和栽种技巧。四季植物景观整体规划详见四季植物配置表（表2-3-9）。

表 2-3-9 半山村四季植物配置表

季节	植物景观层次	植物名称
春	主要观赏植物	金盏菊、矢车菊、油菜花、郁金香、碧冬茄、蝴蝶花、角堇、石竹
	点缀植物	大葱花、花毛茛、美人蕉、天竺葵、长春花、梭鱼草、再力花、朱砂根、蔷薇、锦带花、腊梅、南天竹、榆叶梅、日本早樱
	背景植物	紫堇、红花酢浆草、麦冬、萱草、鱼腥草、栀子、红叶石楠、杜鹃、红花檵木、火棘
夏	主要观赏植物	金盏菊、孔雀草、波斯菊、百日草、矢车菊、薰衣草、桔梗、马鞭草、荷花、鸢尾、绣球、万寿菊、夏堇、月见草、醉蝶花、角堇、碧冬茄、美女樱、石竹、荷兰菊、萱草、梭鱼草、锦带花
	点缀植物	鸡冠花、凤仙花、蜀葵、百合、银叶菊、长春花、朱顶红、天竺葵、绣线菊、火星花、射干、大葱花、百子莲、美人蕉、再力花、鱼腥草、蔷薇、朱砂根、木荷、紫藤
	背景植物	葱兰、麦冬、石蒜、秋海棠、红花酢浆草、南天竹、金丝猴、栀子、花叶络石
秋	主要观赏植物	孔雀草、万寿菊、向日葵、波斯菊、荷兰菊、夏堇、月见草、碧冬茄、一串红、梭鱼草
	点缀植物	凤仙花、鸡冠花、天竺葵、石蒜、射干、银叶菊、长春花、美女樱、美人蕉、再力花、鱼腥草、南天竹、蔷薇、青枫
	背景植物	葱兰、红花酢浆草、麦冬、茶梅、红叶石楠、花叶络石、火棘
冬	主要观赏植物	金盏菊、矢车菊、腊梅、美女樱
	点缀植物	美人蕉、洋水仙、长春花、结香、南天竹、朱砂根
	背景植物	葱兰、花叶络石、茶梅、红叶石楠、火棘

（2）提出组团景观植物配置设计方案，涉及具体选用哪些植物、如何组合和布置。鉴于目前半山村中组团植物景观节点植物组合无秩序，植物景观层次单一等问题，解决途径是结合具体场地特点，以花境、绿篱和地被为主，增加花卉和色叶灌木，从平面和竖向丰富植物的景观层次和季相变化。该部分内容主要以季节景观打造为主，将组团景观节点分为春、夏、秋、冬四部分的方案内容。在景观呈现上四季皆应考虑植物的季相变化，在不同的季节给游客提供不同的景观感受。

（3）针对房前屋后植物景观植物种类单一，造型搭配随意，缺乏美观的呈现形式等问题，解决途径可以通过盆栽和花坛形式增加花卉的种类，并将花卉草本植物与竹、石、木等材料结合，形成相应的景观小品；针对沿街、沿溪景观层次单一，景观效果欠佳，缺乏特色等问题，解决途径可以通过景观组团的设置强化沿溪轴线，并通过植物的季相变化丰富沿溪景观轴线的审美体验特色。设计方案为房前屋后和沿街、沿溪景观植物的配置设计，详细呈现植物配置列表和配置示意的景观效果图示（图 2-3-69 至图 2-3-74）。

本方案新增了百种植物，其中花卉类占新增植物总数的 62%，灌木类占新增植物总数的 21%，乔木类占新增植物总数的 8%，水生植物类占新增植物总数的 5%，藤本植物占新增植物总数的 4%。通过新增植物配置进一步丰富乡村特色植物景观风貌。运用生态与环境美学的理念与方法，适当运用鲜艳的色彩可以调节气氛，增加美感，以色叶灌木、花卉植物的点缀，丰富半山村域内的植物景观观赏性。植物的选取与配置均是从村域的整体景观出发，考虑整个村落在四季中不同景观的呈现。组团节点的划分进一步强化了沿溪轴线在景观层次上的季相变化。每个节点都有明确的季相划分，使得沿溪轴线在不同的季节表现出不同的视觉效果，倡导保持乡村原有风貌，杜绝城市化改造，塑造"虽由人作，宛自天开"的乡村特色空间体验环境。

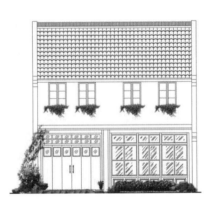

图2-3-69　房前屋后景观植物布置示意图

图2-3-70　房前屋后景观植物布置效果图

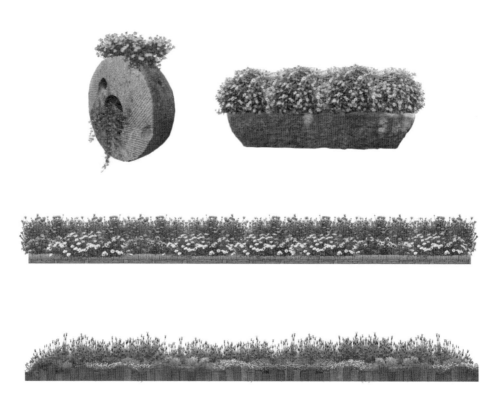

图2-3-71　景观植物小品布置效果图

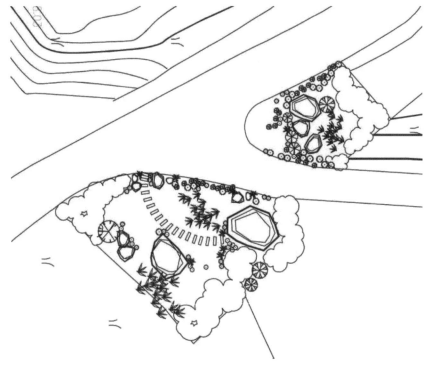

图2-3-72　植物造景平面布置示意图

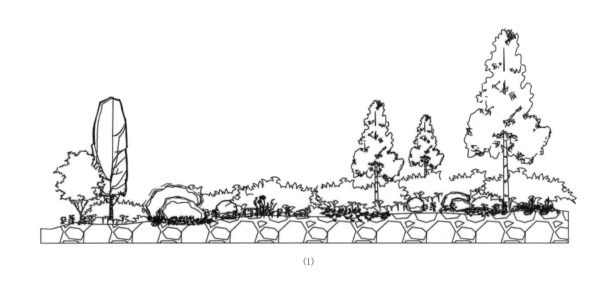

(1)

(2)

图2-3-73　植物造景立面效果图示意图（1-2）

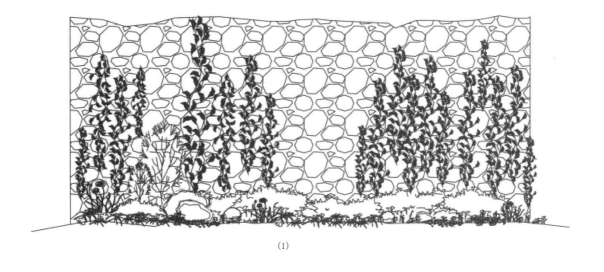

(1)

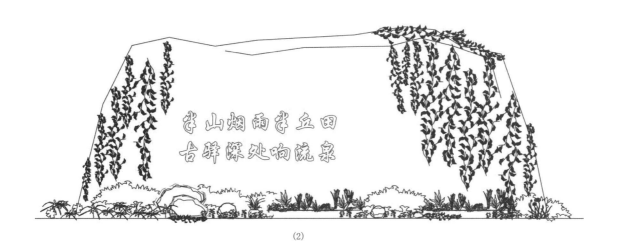

半山烟雨学丘田
古驿深处响流泉

(2)

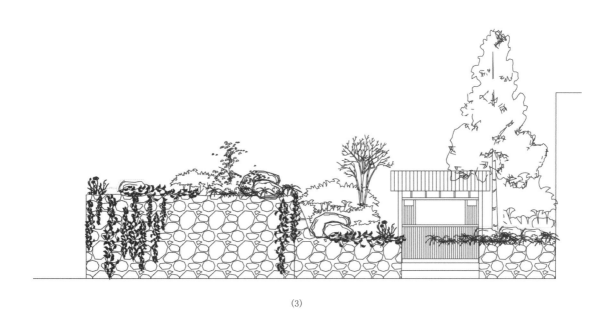

(3)

图2-3-74 植物造景与景观元素组合关系示意图（1-3）

3.8 半山村景观形态保护与可持续发展展望

3.8.1 以景观形态保护引领村民的文化自觉

　　具有地域性特征的乡村传统文化是半山村景观形态的灵魂，它在村落发展的进程中留下了独有的痕迹，这种痕迹渗透在村落物质环境和精神环境的点点滴滴中，丰富了村民的日常生活，也为村落景观环境保护与发展的规划设计提供了灵感。在进行村落景观设计过程中，面对保护与传承的困境，村落空心化与人口流失的问题、以及传统文化的传承延续、村民的审美意识和情感传承危机，还存在着过度设计过度建设等诸多误区，对传统村落存在的价值造成了破坏性的伤害。要针对性地挖掘历史文化的精髓，加强对传统文化保护，让弘扬和传承传统文化的理念深入到村民的意识中，并形成强烈的认同感。通过对景观形态的整合与设计，采取多种形式来发掘和展现半山村的传统文化特色，强化这种体现地域性的文化特征，使得村落文脉得以延续和凸显。同时，对村落的传统文化要批判性地继承，"扬弃"在传承传统文化的过程中是一个理性的观念，运用这种逻辑观念来继承感性的文化情感记忆，并以景观观念的形式来表达，从而对现有景观形态进行恢复和功能再造。我国正处于进入传统村落保护发展和建设的高速时期，然而如何落实传统村落保护和建设的总体目标、实现乡村的可持续发展，还需进行大量的工作。乡村景观形态保护与可持续发展成为当下乡村振兴、从传统走向现代的基本策略。在保护与发展方面要充分调动各级政府、社会组织和个人的积极性，开展宣传教育，强化包括政府、设计人员和群众在内的全社会的共同参与和共同努力，通过对村落景观文化信息的保护，加入新的设计理念、赋予村落景观以新的内涵，使得村落的历史与文化能够在时代的发展进程中不断延续和再生。

3.8.2 以绿色生态发展保持传统村落的底色

　　对于传统村落来说，拥有丰富的生态格局和完整的生态过程才能更好地适应自然环境。通过深入分析半山村地形地貌、气候降水等自然条件，充分尊重村落地域景观、自然格局和生物物种，在路径、建筑、场地的规划中，注意与村落绿化结构、主导风向、日照情况等协调统一，更多地利用自然采光、自然通风的系统，在此基础上，整体把握村落景观态势，形成设计结合自然的村落景观形态，使绿色生态发展成为传统村落的底色。在现代社会快速发展的今天，传统村落的保护难度是显而易见的，在现实中，传统村落面临翻新、改造、重建或动迁等命运，由此造成的文化流失也是不可避免的。如何有效地继承和保护传统村落景观形态是摆在我们面前的一个重要议题。整体规划聚落格局，重点从核心景观带入手控制风貌并充分建立组团单元，遵循整体—核心—局部的概念，逐步实现对半山村景观形态的保护发展和设计实践的研究与建设工作。半山村土壤肥沃且海拔较高，作为生态资源优越的传统村落，村域内丰富的竹资源形成的森林边界是风景优美的特殊地带，正是由于自然条件的影响，使得坐落在竹林山坳之间的村落更能感受到青翠竹林的幽深与静谧。在自然生态保护的同时，结合村庄经济发展，努力将第一产业逐渐向第三产业结构发展方向调整，以种植高山瓜果蔬菜作为特色，还可以扩大对花卉、药草的种植面积，培养有观赏价值的特色经济作物，以此带动村庄经济发展并焕发新的生机活力。

3.8.3 从自然和人文两方面开展对乡村景观形态的整体性保护

　　景观本质上是一个建立在自然形态和人文形态上相互融合和相互支撑的有机生命体，传统村落景观形态的形成是自然和人文两方面因素对景观形态的影响和作用。由此将半山村景观划分为自然形态和人文形态两大方面。在提出自然因素对村落选址的影响的同时，重点分析人文因素影响下的村落景观特征。从受自然因素影响下的聚落空间格局和边界，到人文因素影响下的建筑文化、路径交通和景观节点的形态特点，以及传统文化影响下的民俗活动等方面所隐含的景观形态，以此全面认识半山村景观形态的总体特征，指出传统村落的可持续发展离不开对景观形态的保护与传承。"半山村景观形态保护与发展的设计实践"是针对传统村落景观形态保护的方法研究，是综合了自然形态和人文形态两方面的要素，力求整体、系统地将半山村景观的可持续发展转化为具体可操作的策略与方法并能够付诸实施。其核心理念是关注景观形态元素的协调、平衡与共赢，力图实现系统和整体效益营建的最终目标。半山村的景观形态保护与设计在产业转型以及社会转型背景下，以现存问题为导向，立足于自然形态与人文形态两大层面，将空间布局、路径交通、村落边界、建筑肌理、景观节点等各个要素，以及村民、游客、管理者等利益主体纳入同一个系统，提炼出半山村景观形态保护与设计范围从核心保护区辐射到周边过渡区，并由此探讨因地制宜和可操作的规划策略与建设实施方法。本课题通过提出对半山村景观形态保护与发展策略与规划设计方案，从宏观、中观再到微观角度来分析研究针对半山村景观形态的设计实践，由表及里、由整体到局部地针对半山村的自然形态和人文形态进行保护和延续的建设工作。

第三部分

半山村乡土建筑保护与发展的设计实践

Design Practice of Rural Architecture Preservation
and Development at Banshan Village

1 对乡土建筑的认识理解 与研究状态的分析

1.1 乡土建筑的基本概念与特征

　　"乡土建筑"特指居住在乡村中的村民运用传统的和自然的方式建造的房屋。乡土建筑作为村民日常生产生活的空间载体是乡村文化遗产的重要构成部分。乡土建筑具有乡村社会文化的基本属性，是乡村与它所处地域关系的表现内容，也是乡村文化多样性的物质表现形式。广义上的乡土建筑是指凡具有地域性特征的建筑都可以称为乡土建筑。狭义的乡土建筑是指乡村范围内土生土长的建筑。乡土建筑具有以下特征：①位于广大乡村和城镇；②产权归乡民所有；③由使用者与村内能工巧匠自建而成的；④居住模式大体形成早于现代社会并传承至今的；⑤一般多使用乡土材料和地方传统建造工艺。[18] 在传统村落中除了居住建筑以外，带有公共、宗教等性质的建筑物，如宗祠、庙宇、牌楼，以及桥、亭、路廊、井亭等都包含在狭义的乡土建筑范围内。乡土建筑环境主要指乡土建筑赖以生存的环境，包括自然地理因素和人文因素等。这些因素决定了乡土建筑的空间形态与文化内涵。同时，建筑空间从来就与特定的生活方式相呼应。[19] 乡土建筑是乡土生活的舞台和物质环境，也是乡土文化最普遍存在的、信息含量最大的组成部分。[20] 针对半山村乡土建筑保护与发展的设计实践课题研究是基于传统村落保护的前提下，探索如何利用乡村旅游的方式将乡土建筑活化。以发展乡村旅游背景下半山村乡土建筑环境更新研究为目标，对半山村乡土建筑的场所精神、地域文化景观进行全面的剖析，研究和分析在传统村落可持续发展和乡土建筑环境更新实践中将会面临的问题和应对的方法。位于浙江省台州市的半山村始建于北宋时期，历史悠久，具有独一无二的传统村落景观，传统民居建筑保留了淳朴自然的风貌特色，同时还拥有丰富的非物质文化遗产。半山村区域独特的自然环境与人文环境造就了具有地域特色的传统村落景观和民居建筑。2014年半山村被列入《中国传统村落》名录，进一步提升了半山村的资源优势。乡村民间文化孕育的乡土建筑与生俱来带有本土化的特质，折射出地域传统文化的特征。要针对性地开展乡土建筑产生和变化规律的研究，认识半山村乡土建筑的文化品质，保留半山村的地域性乡村文化景观特色，以场所精神为标尺进行对半山村乡土建筑环境保护与更新的方法探究。

1.2 国内外乡土建筑环境
　　保护与更新研究状况

　　国外对乡土建筑保护性开发的相关研究早在 19 世纪就已开始，各国普遍认为建筑遗产涵盖的内容不应只局限于具有历史价值、艺术价值、科学价值以及纪念意义和文化认同作用的著名宗教建筑、公共建筑及其他古文化遗址范围内，还应包括代表各种历史风格的建筑群、乡土建筑、具有某方面价值的现代建筑等更为广泛的内容。认为乡村聚落和乡土建筑遗产及环境是不可再生的资源，指出对乡土建筑历史环境保护的重要意义，为遗产保护领域内乡土建筑整体保护之先导。对乡土性的保护要通过维持和保存有典型特征的建筑群、村落来实现，乡土建筑、建筑群和村落的保护应尊重文化价值和传统特色。与城市相比，乡土建筑具有明显的"历史文化性"，20 世纪 60 年代，西方建筑学者开始注重民居建筑研究，其中以美国建筑与人类学研究方面的专家拉普卜特的文化多样性原则和交叉文化理论作为标志，使乡土建筑的研究开始受到重视并成为一门学科。挪威建筑师、历史学家诺伯格·舒尔茨的"场所精神"理论以建筑现象学为基础，通过考察人们最本质的日常生产、生活，关注人的感受与体验，加入人的参与，将事物同人们生活中的价值和意义联系在一起，探讨建筑精神上的涵义。场所理论能够对原场所结构的特征进行剖析，重新确立场所精神，以场所精神为标尺进行对乡土建筑环境保护与更新的探究。

　　乡土建筑的系统性研究起始于传统民居，早在 19 世纪 30 年代，"营造学社"开始对西南地区传统民居进行调查，这标志着我国针对乡土建筑的研究正式开始。梁思成先生编写的《中国建筑史》中用分区域和构筑方式研究的方法对传统民居建筑特征进行了梳理和分析。刘敦桢先生所著的《中国住宅概说》一书中，论述了我国传统民居的发展历程，罗列了主要的民居类型。我国现存的乡土建筑多数建造于明清时期，大都分布在较为偏远的地区，长期以来乡土建筑没有得到有效地保护，系统性研究不足。19 世纪 80 年代以后，我国对乡土建筑开展了一系列实地调研工作，有效地推进了乡土建筑的研究与保护工作，使更多的人逐渐认识到乡土建筑存在的重要性，也逐渐关注起乡土建筑物质载体外的乡土文化内涵、人文社会环境以及建筑与自然历史环境的关系等方面内容。2005 年《国务院关于加强乡土建筑保护的通知》第一次将乡土建筑遗产保护纳入国家政府保护行为，之后《关于加强乡土建筑保护的通知》将乡土建筑遗产纳入到全国普查工作中，国务院颁布实施的《历史文化名城名镇名村保护条例》把历史文化村镇和乡土建筑遗产的保护管理纳入法制轨道，把保护优秀的乡土建筑等文化遗产作为乡镇发展战略的重要内容。《村庄整治规划编制办法》提出乡土建筑保护方面以采取保护性整治的形式为主，要求保留独特的村落空间布局结构、传统的民居建筑风貌以及富有地方特色的建筑结构、材料，尽最大限度地做好传统历史文化的传承和延续。对历史建筑的再利用价值也有了进一步的认识，历史建筑再利用发展逐渐步入正轨。目前，对于乡土建筑环境保护与更新现状的研究存在诸多方面的问题与不足，诸如忽视对乡土建筑环境的保护，存在"建设性""移民性""旅游性"等因素造成的破坏愈加蔓延；对乡土建筑的文化破坏现象泛滥，保护与更新过程中乡土建筑的原真性损失严重；传统村落"空心化"进程不断加速，乡土建筑"自然性颓废"更加严重，乡土建筑原生态未能保护；忽视对乡土建筑与现代功能需求的适应性引导和对乡土建筑传统材料与工艺的传承，以及传统乡土建筑的原始功能与当代乡村旅游业态更新下的功能需求存在失配问题等等，这些在乡村发展进程中出现的新老问题，需要在乡村建设实践中得到系统性地深入研究和提出解决问题的策略与方法。

1.3 乡土建筑价值与保护更新意义

基于对乡土建筑的保护和乡村旅游产业发展，重点从乡土建筑与文化、乡土建筑与旅游和乡土建筑更新等方面探讨乡土建筑的价值，挖掘乡土建筑的内涵及保护与更新的意义。

（1）乡土建筑的文化价值

传统村落的地域文化是发展乡村旅游的重要内容，尤其是乡土建筑承载着传统村落的文化价值，是地域文化最重要的物质载体。乡土建筑的地域性，使其能够整体地呈现出建筑所在地域的自然地理特征、社会经济以及地方文化特征，乡土建筑带有地域性的独特文化属性的烙印。从自然地理环境来看，地球表面的地形地貌、区域气候、山川河流、地质矿产、森林沙漠、冰川湖泊、动植物分布等自然要素千差万别，对乡土建筑的形成与发展具有特定的影响作用。乡土建筑是人类利用自然、顺应自然、适应自然的产物，无论从建筑的外部形态还是内部材料和结构都带有鲜明的地域特点，由此可见自然地理条件是地域特点的重要基础；从人文因素来看，不同自然地理环境孕育出不同的地域经济、地方文明、观念信仰、审美情趣、道德准则、风俗习惯等，也存在着巨大的区域差别，人文因素的差异性影响着人们的生活方式，并在其生活、生产空间中体现出来。乡土建筑动态与持续性的特征，使得变迁的因素、过程、方向、速度也不尽相同，这些都强化了乡土建筑的地域特色。地域的差异性，使得深深蕴藏在乡土建筑中的文化内涵与价值得以体现，乡土建筑以痕迹的形式记录着整个生命周期的进程与变化，成为人们解读建筑自身历史，解读传统村落文化的参照，这正是我们今天探索乡土建筑的过去、思考乡土建筑未来的宝贵依据。

（2）乡土建筑的旅游价值

在乡村振兴和美丽乡村建设的发展目标下，乡村旅游带来的多重效益与作用是乡村经济发展新的增长点和助推动力，有助于"三农"问题的解决，促进乡村产业结构的变革与转型，能够有效推动乡村三产进一步深度融合发展。乡村旅游使游客能够徜徉在具有地域性乡村文化的乡土环境与建筑中，欣赏大自然优美的山水环境，体验乡野生活的淳朴与平和，感触乡土建筑记录的历史与乡土文化。传统村落中的乡土建筑可以作为乡村旅游发展的重要资源，乡土建筑有着物质与文化的双重功能，它既能提供空间满足人们对居住、工作、休闲、娱乐、劳动等各方面的功能需求，又以千姿百态、美轮美奂、丰富多彩的形态展示着深厚的文化底蕴。在乡村旅游开发建设中，乡土建筑作为发展乡村旅游不可缺少的重要依托及物质载体，为人们提供参观、活动、居住、休闲、交流和体验的空间环境，充分发挥和展现出乡土建筑特有的旅游价值。

（3）乡土建筑的再利用价值

发展乡村旅游有益于推动乡村产业结构合理化转型、升级与优化。在满足休闲度假市场需求的同时，也推动了乡村地区全面复兴，实现乡村资源的有效利用。目前由于旅游业和新建筑的无序开发导致乡土建筑特色逐渐弱化，传统材料与工艺逐渐失传，出现了乡土建筑的原始功能与乡村旅游新业态功能需求失配现象，一些传统村落受到的破坏已经非常严重。发展乡村旅游的前提是保护好相对完整的乡村环境，以传统村落的地域文化为资源基础，对乡土文化内涵进行挖掘与利用。乡土建筑对自然的利用、顺应和适应，保护和节约资源，充分利用乡土材料，是建立在农业经济基础上的建筑生态，乡土建筑的更新与再利用，能够帮助缓解生态环境问题，更好地满足当代旅游者对"游""养""娱"的旅游诉求。大众旅游时代的到来，人们越来越向往不同于都市的异质文化，渴望回归自然、释放身心。乡间秀丽的自然风光、淳朴的民风习俗、生态环保的乡村餐饮、具有生活特色的乡土建筑和历史环境成为重要的旅游资源。而其中乡土建筑作为地域文化中最重要的物质载体，如何避免闲置而自然颓废，最有效的方法就是再赋予它新的使用功能，进行合理地更新与再利用，使之成为乡村旅游不可割裂的一部分。[21] 乡土建筑的更新再利用既能解决乡村旅游新业态的功能需求失配问题，又能对地域文化特性进行重新认识和对传统文化有效保护。

乡土建筑见证了传统村落的历史发展，承载着村民的生活情感，诉说着人们过去的记忆，集中展示了村民的价值观、美学取向及创造能力，它既是人们生活的家园，也是人们精神的家园。乡村的可持续发展脱离不开地域文化的支撑，基于地域文化的乡土建筑具有"不可替代"及"可利用"的属性，对地域性传统文化的挖掘与继承，能够有效解决地域文化遗产传承与创新之间的矛盾，缓解历史文化断层危机。联合国教科文组织（UNESCO）在关于文化保护的相关文件中指出，"在生活条件加速变化的社会中，保护与建立一种与之相适应的生活环境，能够使人们接触到大自然和先辈遗留下来的文明见证，这对于人的平衡和发展是十分重要的"，乡土建筑是历史文化环境下宜人的生活和推动乡村可持续发展的物质载体，这对于生活在钢筋混凝土、玻璃幕墙环境中的现代人来讲，意义非常重要。[22] 对根植于传统文化中的乡土建筑，最好的保护方法是赋予其新的使用功能，注入新的生机与活力。运用现代设计思维与传统文化的有机融合，将现代材料、技术与传统材料与做法相交融，使乡土建筑适应不断变化的客观环境，这既解决了继承与创新的矛盾，缓解了历史文化危机，使得传统文化既能够连续、稳定地继承，又能通过创新焕发出传统文化新生命，也缓解了时代发展引发出社会文化的情感危机。由此可见，乡土建筑是乡村旅游发展的重要依托载体，而乡村旅游的发展又促使乡土建筑由"自然性颓废"的处境走向有机更新。发展乡村旅游留住了乡土建筑在历史演变中所产生和积淀的文化价值，使乡土建筑成为乡村旅游中的物质空间载体，起到使乡村环境返璞归真，让游客体验乡村文化本质的作用。保护和利用好乡土建筑就是弘扬和传承中国传统文化，对推动中华民族文化的伟大复兴具有深远的意义。

1.4 乡村性和乡村意象 是地域文化的重要内容

国际古迹遗址理事会通过的《关于乡土建筑遗产的宪章》（ICOMOS）指出：乡

土建筑遗产是文化景观的重要组成部分，乡土性不仅包括建筑物、构筑物和空间的实体和物质形态，也包括使用和理解它们的方法，以及附着于其上的传统和无形的联想。乡土建筑是乡村生活的舞台和物质环境，它是乡土文化普遍存在的、信息量最大构成部分。[23]相较于文字记载，乡土建筑对地域文化的呈现更为直观，是地域文化景观构成的显性要素。人们选择回归乡村不仅仅是远离城市体验乡村生活，更是体验生态以及尚存的淳朴民风乡俗及文化氛围，更是对具有"亲和力"的生活环境的向往。[24]乡村性是乡村旅游开发下用来衡量乡村地域景观特征和地域文化景观留存情况的重要指标，乡村性指标反映了乡村地域性与现代化、原真性与商业性、保护与发展之间均衡程度，[25]乡村性的存在使乡村能够区别于城市。乡土建筑是地域文化景观的载体，正是由于它们的存在，串联起了乡村性的各个要素，才形成了有别于城市的乡村地域文化景观。[26]如何认识和挖掘乡土建筑文化品质，合理规避"保护性"开发和"建设性"破坏，解决传统与现代冲突，是乡土建筑环境回归乡村性的必然思考。半山村乡村旅游的可持续发展，乡村核心吸引力的构建，离不开乡土建筑环境回归乡村性。

乡村意象指乡村在长期的历史发展过程中在人们头脑中所形成的"共同心理图像"，[27]这种心理图像一旦形成，以其相对独立性和稳定性特征，在人们前往乡村进行旅游活动感受环境特有的总体特征和氛围时，随着切身感受和亲身体验的积累，乡村意象可以帮助跨越时空的界限，唤起人们内心的共鸣，获得认同感，最后产生归属感。半山村拥有群山怀抱，逐水而居、错落有致的村落格局，建筑空间特征、生产生活方式、历史文化习俗，具有山水、田园、肌理、节点、邻里五大核心要素，这些景观意向与文化意向相互作用组成的半山村乡村意向，使半山村的聚落意向同样具有空间的"可识别性"。可识别性是生活的反映，可识别性是地域的分界，可识别性是文化的积淀，可识别性是民族的凝结，可识别性是一定时间地点条件下典型事物的普遍表现，因此它能带给人们不同的身心体验与感受，引起心灵的共鸣，情感上的陶醉。[28]乡土建筑及建筑环境是地域文化在物质形态和自然环境中的物化表现，重置乡土建筑的使用功能，保护与更新乡土建筑环境，探索乡土建筑场所精神延续、发展和再生的策略，将乡土建筑重新介入现代生活，使其与地域环境共生，与现代生活同构，延续乡村意向。

2 半山村乡土建筑特征解析

拉普卜特在《宅形与文化》一书中对乡土建筑自成一派的地域性进行解读："无需理论或美学主张；与场地周边环境共生；关照邻里，因而兼顾了建成环境与自然环境；一方水土一方造法，即便同种机构方式也会有千变万化的局部发挥"[29]。乡土建筑扎根于不同的地域，受当地的自然地理因素及人文地理因素影响，与乡民的日常生活息息相关，因而具有明显的地域差别。自然地理因素包括地域性的自然气候、地形土壤、水系植被以及地方性的物产、资源分布等要素。人文地理因素主要包括地区长期居住的人群在社会生活中形成的特定的观念、信仰、文化习俗和社会风尚等。地域性乡土建筑的形成离不开自然和人文地理因素的共同作用，自然地理因素和人文环境因素在孕育乡土建筑地域文化时是相互渗透、密不可分的，自然地理因素对乡土建筑的作用是相对稳定的，变化也是均匀的或是周期的，相对而言，人文环境因素对于乡土建筑地域性的作用则是活跃的、动态的。[30]针对半山村乡土建筑地域性的探讨，要从自然地理因素和人文环境因素共同作用达成平衡结果的角度对其进行深入地解析。

2.1 自然因素对半山村乡土建筑地域性的影响

人类营建活动的最初动机就是寻求在自然地理环境中能够营建一处遮风避雨的"遮蔽场所"，这是人类安家立命的生存条件。地域性的自然地理环境孕育了具有当地特色的乡土建筑，乡土建筑的营建虽受地域性自然地理条件的制约，但在人类长期营造活动的过程中，也逐渐积累了适应不同自然地理条件下的营造经验。由此可见，乡土建筑本身就是人类适应和利用自然的产物，自然地理因素是乡土建筑无论外部形态还是内部构造、材料的重要构成因素。

半山村所处的浙江省台州市黄岩区，地属中亚热带向北亚热带过渡地带，属亚热带季风性气候，湿热多雨。该村位于山谷之中，冬暖夏凉，四季分明，年降雨量丰沛。气候条件是当地民众在营建活动中首先要应对的自然因素，从建筑形态上看，半山村传统乡土建筑形制处理更注重遮阳、通风和散热，房屋相对高敞，出檐深远，大都有檐廊，檐下供休息和置物使用，开窗相对狭小。半山村四面群山怀抱，西高东低，南北向呈两侧高、中间低的地势，村域内海拔多在 440.0 米至 475.0 米之间。村庄以西高东低的坡地地形为主，农田以梯田为主，由西向东流的半山溪贯穿整个村庄，半山村所处地域的大地形貌对乡土建筑的布局、形态和建筑单体形制特征也有一定的影响，从空间布局形态来看，半山村乡土建筑多顺沿坡地、沿等高线排列，顺山势蜿蜒而上，结合半山溪东西走向，形成了沿溪带状、沿山带状与台地团块状三种类型相互交织的形态布局，依山就势、沿溪而建，也有将房子建在石桥之上，一半在岸边，一半在溪流之上，古朴又自然，这些自然地势的高低起伏展现出半山村独有的起伏韵律（图3-2-1）。

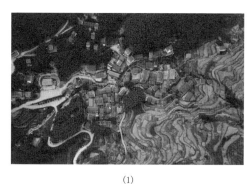

(1)   (2)

图3-2-1　自然因素影响下的半山村空间布局形态(1-2)

　　半山村乡土建筑的平面类型可分为两类，一类为"一"字形，另一类为合院型。"一"字形是半山村乡土建筑的主要类型，其基本单位为"间"，以"间"横向拼连成住宅组合体，并按照堂室之制，当中为祖房，两旁住房，以堂为中心，对称发展。半山村乡土建筑的平面几乎都是在此基础上形成（图3-2-2）。这种"一"字形建筑开间多为三或五间，每开间的平面宽度在3至4米左右，进深有五檩到九檩不等，檩距一般在1至1.5米，房屋的进深多在5米以上，甚至有的超过10米。半山村乡土建筑在这种"一"字形平面形制下呈现出两种建筑外围平面形状，一种为方形平面，其建筑平面大致成一方形，室内用木板墙分隔成几个独立的房间，属于独立式的小型民居；另一种为长条形平面，以开间为单位横向一字排开，每个开间分前、中、后三室，前室做起居，中室做卧室，后室做灶间。

图3-2-2　半山村乡土建筑"一"字形平面形制

　　合院型平面形制又可分为"L"形与组合型平面。"L"形平面是以长方形平面为主体，在建筑的尽端处加一两间房屋，另两侧配有上端镂空的围墙，形成一个半围合的平面布局形式（图3-2-3）。组合型平面形制以不同年代的住宅围绕某一院落围合布置，通过巷道、檐廊与外界联系。

图3-2-3　半山村乡土建筑合院型平面形制

半山村地处山区，竹木丰茂，梯田层层，恬淡自然。村域范围内的土壤以红壤、黄壤、水稻土三大类型为主，比较疏松，不适合以夯土、土坯的方式建造房屋，因此半山村乡土建筑的材料主要以溪石、块石和木材为主，建筑多以块石作基础，上为木质结构，二层向内收缩，侧墙用溪石或块石砌筑，并用泥沙浆、石灰嵌缝。坡地以卵石垒积作护坡，建筑外立面也多采用竹编制的席子作为建筑外立面装饰，因地制宜、就地取材，竹席也能起到防潮除湿的作用（图3-2-4、图3-2-5）。

(1) (2) (3)

图3-2-4　半山村石砌筑建筑(1-3)

(1) (2) (3)

图3-2-5　半山村乡土建筑竹材饰面(1-3)

2.2 人文因素对半山村乡土建筑地域性的影响

　　半山村始建于北宋年间，形成于社会动荡、人口流动的社会背景下，兴于明清黄永古驿官道的贯通时期。目前全村拥有住户172户，共576人，人口密度低，聚落规模小，社会结构相对简单。随着时间的推移，住宅建筑逐步自近山转移至近路，互为邻里的二层木石结构建筑开始增多，一幢多为两三户居住。不同时期人们的思想观念、文化心理状态千差万别，由浅入深地影响着人们的生活方式，并由生活、生产行为直接反映在建筑空间上。目前村域范围内仍保存着风貌较为完好的7幢分别建于清代、民国初期及新中国成立初期的乡土建筑，其中构成半山村主体风貌的乡土建筑大多延续了传统建筑的风貌。由于自然地形及用地条件的限定，村民自古生活简朴，以农为本。半山村长期处于经济薄弱村之列，村民经济收入较低，乡村经济状况直接影响了建筑技术水平，村里的民居、桥梁和古道都是就地取材。民居建筑以石筑造，粗犷朴实，在选材、用料上多选用当地乡土材料，由当地的工匠运用本地的传统技艺，建造出雕饰古朴简单、满足基本功能需求的乡土建筑。

　　半山村大部分乡土建筑呈现出粗犷朴实、古朴简单的特征，但也有少数建造精美的乡土建筑，例如建于民国8年，拥有独立庭院的许楠生住宅，坐北朝南，建筑面积1500平方米，其正房位于宅子西面，为二层木石结构，面开5间，设有中堂，北边的偏房通过路廊与正房相连，中间是庭院，住宅的四周是溪石堆砌的围墙，高约2米，围墙边种满了腊梅、桂花和蔷薇，一年四季皆有景，庭院里则是溪流、盆景、假山相映成趣。正门向南，宽2米，飞檐翘角，屋脊高耸，檐悬柱低重。侧门开在北边，紧靠正房南面则是一栋三层砖石结构的房屋，宅子的窗户大多采用木框雕花玻璃窗，几经修葺，至今仍在使用（图3-2-6）。另一座建造精美的乡土建筑被后人称为静修堂，建于民国9年，宅子坐东朝西，为二层木石结构，五开间面阔，长约20米，建筑面积366.39平方米。这座建筑明显承袭了清代建筑的古朴风格，横梁上雕花雀替，花鸟虫鱼，无一重复，外檐柱别具一格，采用一斗四升式，龙头、象头造型优美、栩栩如生（图3-2-7）。

(1)　　　　　　　　　　　　　　　(2)

(3)　　　　　　　　　　　　　　　(4)

图3-2-6　许楠生宅院建筑现状(1-4)

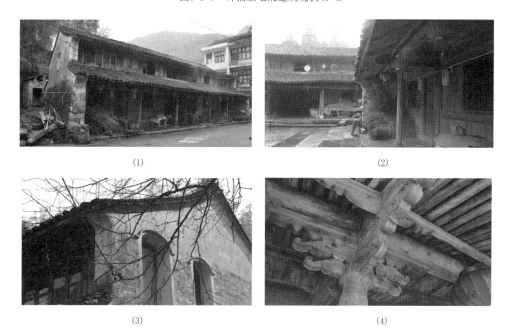

(1)　　　　　　　　　　　　　　　(2)

(3)　　　　　　　　　　　　　　　(4)

图3-2-7　静修堂建筑现状(1-4)

2.3 半山村乡土建筑地域性影响因素的演变

当代社会人类的活动范围和能力大大加强了，而自然条件的影响正在削弱，"人"与"地"的关系已经发生了巨大的转变，因此无论是乡村聚落的形态、结构、规模、性质，还是乡土建筑的形式与功能，都不是一成不变的，总是处于不断演变和发展中，需要以动态的视角来关注乡土建筑的地域性。

中央一号文件连续多年聚焦"三农"工作，坚持全面推进乡村发展、乡村建设、乡村治理等乡村振兴重点工作，努力推动农业农村实现现代化。坚定发展农村地区新产业、新业态，推进三产融合发展，确保农民稳步增收，受益于农民。随着乡村建设和经济发展，农民生活条件逐步得到改善。传统风貌的乡土建筑不再作为村民住宅的首选，一段时间以来，半山村也同其他乡村出现的问题一样，一些村民大拆大建，盲目地贪新求洋，建造时髦的洋房、别墅，而不是按照需要保护的传统风貌式样改造和建造住宅。多采用现代建造技术与建筑材料建房，使得半山村的乡土建筑和作为传统村落的地域性特征与风貌大为弱化，并遭到建设性破坏（图3-2-8）。

(1)　　　　　(2)　　　　　(3)

(4)　　　　　(5)　　　　　(6)

(7)　　　　　(8)　　　　　(9)

图3-2-8　村内一些与乡土建筑风貌不协调的建筑(1-9)

随着时代的发展，现代生活模式逐渐影响和转变着乡村的生活环境，半山村内部给排水、通信、网络等基础设施逐步完善，村民生活水平日益提高，曾经的传统技艺和传统生活方式随着日常使用频率的锐减逐渐被人们淡忘，导致传统文化习俗的逐渐衰落，传统技艺和生活方式的传承受到一定程度的影响。容纳日常生产、生活和民风习俗的乡土建筑空间也相应地受到影响，其地域性特征正在逐渐弱化。如何将乡村传统生活方式和乡土建筑与现代乡村的发展相结合，适应现代人的生活需求，成为乡村发展建设中亟待关注和研究的重要课题。

2.4 半山村乡土建筑现状与分析

半山村位于黄永古驿官道的节点上，群山怀抱，逐水而居，北有富山大裂谷，南有毛竹林，西有层层梯田，东有台地梨花，这里自古就有"半山烟雨半丘田，古驿深处响流泉"的形象描述。村庄历经近900年风霜雨雪形成的乡村聚落意象，呈现出特有的地域性风貌，通过长期积淀与传承的乡土建筑和乡风习俗等可视化的乡村文化景观，形象地展现出历史底蕴深厚和文化意象鲜明的乡土文化特征。

半山村乡土建筑结合地势、地形与水系，采用自由的布局方式，形成建筑形体的构造形式，塑造出层次丰富的乡土建筑空间环境。村中现存的建筑风貌大致可分为三类：第一类为历史风貌建筑，该类建筑形成年代较早，加之所处山地空气湿度较大，至今保存下来的只有三栋木结构清代建筑；第二类是传统风貌建筑，此类建筑一般建于民国时期和新中国成立后，这类乡土建筑构成了半山村的主体建筑风貌，层数以二层为主，大都有檐廊，二层向内侧收缩，悬山或硬山坡屋顶，极少量为歇山坡顶。建筑采用石木和砖木建造，建筑保存相对较好；第三类为现代风貌建筑，此类建筑大都为20世纪80年代后建造，建筑层数以三层为主，有的高达四层，体量较大，平屋顶，外墙采用面砖或涂料饰面，建筑质量较好。

由于建造年代的差异，半山村乡土建筑的结构体系也呈现出多样化的特征，大致可分为木结构、石（砖）+木结构、石（砖）结构和砖混结构四类。（表3-2-1）

表 3-2-1 半山村乡土建筑使用材料与结构类型表

结构体系	内容	建筑示例图片
木结构	山墙和中间各榀屋架均为木结构承重，部分建筑局部山墙也有采用石砌筑墙。材料主要是以溪石和木材为主。坡地上的建筑以卵石垒砌护坡，或以块石作基础，上部为木质结构，采用江南三角穿斗楼形式，以一、二层为主，顺山势建造	
石（砖）+木结构	山墙为石墙或砖墙承重，中间各榀屋架均为木结构承重。山墙基础采用溪石或块石砌筑，山墙上部则用砖砌筑，并用石灰饰面，增加建筑墙体的耐久性，其余部分用料和做法与木结构相似	
石（砖）结构	建筑四面墙体均采用石（砖）墙承重，屋顶木檩条及椽子架在石（砖）墙上。外墙以溪石或块石砌筑，并用泥沙浆、石灰嵌缝，表面富有乡土建筑的肌理与质感	
砖混结构	采用钢筋混凝土框架、现浇混凝土、黏土砖砌筑相结合的承重结构方式建造，建筑屋顶平坡结合，并运用彩色外墙瓷砖、外墙防水涂料等现代建筑装饰材料进行外墙饰面	

在乡土建筑保护与更新的实践过程中面对的核心问题是如何在保持乡土建筑的传统风貌、文化内涵与价值的基础上进行合理的保护与有机利用，既改善村民的生产生活条件与状态，又能延续村落的文化脉络，探索一条减少建设性破坏的保护与更新道路。对半山村的乡土建筑保护与更新要从实际出发，基于半山村乡土建筑现阶段的具体境况、建筑类型、数量分布等，针对性地对不同层次、不同现状、不同使用功能的乡土建筑，以保护的目的对其利用，在利用过程中进行保护，探索保护与更新利用的思路与方法。

半山村目前存在着大量风貌特征一般性的乡土建筑，它们的历史文化价值虽达不到文物保护的要求，却是半山村村庄肌理形态的重要构成部分。在乡村旅游发展带动下，半山村的环境和基础设施需要跟进改善，旅游业发展带来新业态功能的需求，促进了对乡土建筑进行适应性改造与再利用。依据《建筑、设计、工程与施工百科全书》的定义，再利用是指："在建筑领域之中创造一种新的使用机能，或者重新组构一栋建筑使其能够适应新的空间形式，从而可以延续建筑的生命。建筑的再利用使我们可以捕捉建筑过去的价值，充分地加以利用，并将它转化成未来的新活力"。[31] 对半山村乡土建筑环境的保护与更新必须与半山村的整体规划与建设结合起来，在保存大部分原有建筑的前提下，针对局部或某一部分进行适应性更新及改造，变更原有的建筑功能使其适合目前或将来的功能需求，既保证其在半山村中继续发挥作用，在产生经济效益的同时，又为乡土建筑注入新活力，乡土建筑与环境共同获得再生，延续生命周期，保留住其中蕴含的历史与文化价值。

2.5 半山村乡土建筑环境
保护与更新的分类模式与类型划分

美国运筹学家、匹兹堡大学 A. L. Satty 教授于 20 世纪 70 年代初提出的"层次权重决策分析法"在建筑遗产资源评估系统模式中被采用，其评估体系是目前国内遗产评估运用较为系统的方法之一。方法的主要依据是将"主系统在空间和时间上进行逐级分解，研究其层次性，通过树状层次结构来反映系统的本质特征，从而对事物进行分析和决策"。[32] 这种综合价值评估是一个明确建筑遗产价值的过程，该评估方法以其科学性及可操作性确定评价对象在评估体系中的相对位置。因此建立一套"评估指标体系"能够提供对照的统一尺度去衡量各个不同的、具象的评估对象，其包含了两部分内容，即建筑遗产内在价值评估指标和建筑遗产可利用性评估指标。建筑遗产最核心的价值是其内在价值，联合国教科文组织制定的《世界文化遗产公约》中指出建筑遗产内在价值主要包括：历史与文化、艺术与美学、技术及科学价值等。半山村乡土建筑因其内在的复杂性与多元化特征，依据目前乡土建筑的现状情况，从内在价值评估入手，确定适合半山村乡土建筑的评估标准及分类原则。从建造年代、历史事件、历史人物等因素与乡土建筑的关联程度挖掘内涵与价值；从乡土建筑的艺术处理手法和美学价值考察乡土建筑在区域范围内的文化地位；从建设工艺、技术水平以及现状保存的完好程度进行评定乡土建筑的科学技术水平及工艺价值，以此参照我国建筑遗产保护理论和方法建立半山村乡土建筑评价体系，帮助确定个

体建筑在总评价体系中的相对位置。（表3-2-2）

表 3-2-2 半山村乡土建筑内在价值分类表

评估内容	评估标准		
	一类	二类	三类
历史价值	主体结构为清朝时期的半山村乡土建筑	主体结构为民国时期及新中国成立时期的半山村乡土建筑	主体结构为1980年以后的半山村乡土建筑
艺术及美学价值	地方特色	地方特色	无
文化情感价值	地方特色	地方特色	无
科学技术及工艺价值	工艺技术水平有代表性，保存现状较好	有一定的技术特色，保存现状一般	无技术代表性，保存质量较差

　　对半山村乡土建筑的可利用价值评估可确定其在乡村旅游发展的新形势下进行适应性更新再利用的潜力，能为其保护与利用提供依据及更新思路。可利用价值的评估是基于对评估建筑结构现状、建筑功能适应性及社会价值三方面内容的评估，建筑结构现状及其承载力是影响乡土建筑更新再利用的先决因素，结构现状的评估影响着未来新功能置入的可能性及适应范围；针对乡土建筑功能适应性评估，可了解基础设施配套情况；乡土建筑的社会价值评估，是对乡土建筑所处区位环境下，以可能产生的经济效益及社会效益来衡量其价值等级。半山村乡土建筑的建造年代差异较大，既有留存至今的历史风貌建筑，也有构成乡村风貌主体的传统风貌建筑，以及现代风貌的建筑，其结构体系也呈现出多样化的特点，大致可分为完全木结构、主体木结构局部石（砖）结构、石（砖）结构和砖混结构四类结构体系，因此针对半山村乡土建筑的结构体系现状，在对乡土建筑进行可利用性评估时，需要分别对半山村传统木构建筑和砖混建筑进行分类评估，确定评估标准及分类原则，帮助确定半山村乡土建筑的可利用等级。（表3-2-3、表3-2-4）

　　乡村旅游发展带来村落经济环境、基础设施等方面改善的同时，乡土建筑的生存现状却不容乐观，半山村乡土建筑的现状问题既具有当下乡土建筑普遍存在的共性问题，也存在发展路径下产生的个性问题，针对半山村部分乡土建筑年久失修、自然性颓废，部分乡土建筑基础设施差、难以满足日常生活需求，部分乡土建筑原始功能与新业态功能需求失配，部分新建、改建的乡土建筑外部形态需要进行风貌控制调整等问题，对其进行类型划分，制定半山村乡土建筑分类模式，将乡土建筑与现状待解决问题关联起来，能够更加直观、清晰地分析问题，提出解决方案。

表 3-2-3 半山村传统木构乡土建筑可利用性价值分类表

评估内容		评估标准			
		一类	二类	三类	四类
结构现状	地基	地基砌筑整齐，保存完好，无塌陷、断裂	局部轻微损坏，但对承重无较大影响	损坏严重，影响上部构件的变形等问题	严重变形，使柱墙倾斜或开裂，无法承重
	柱	平直完好，无断裂，无明显倾斜，榫卯结榫完好	有轻微或局部裂缝，腐朽；柱倾斜在柱高的3%以内	有1/3柱长裂缝，深度达1/2柱径；柱倾斜在柱高的5%左右	损坏严重，柱倾斜在柱高的8%以上
	梁	平直完好，无断裂腐蚀，榫卯结榫完好	局部裂缝，长度不超过梁长的1/4；深不过柱径的1/3，脱榫小于2cm	裂缝长度不超过梁长的1/2；深不过柱径的1/4，脱榫小于5cm	裂缝腐朽严重，脱榫在5cm以上
	檩	同上	同上	同上	同上
	材料	完全木结构	主体木结构局部砖石结构	基本砖石结构	砖石结构
功能适应性	基础设施	基础设施完好	基础设施基本到位	基础设施缺项	无基础设施
社会价值	区位	位于村落中心区域	位于村落次中心区域	位于村落中心区域边缘	远离村落中心区域
	景观标志	景观标识性强	景观标识性较强	景观标识性一般	景观标识性弱
	与周围环境的协调度	协调	较协调	一般	不协调
	情感因素	有美丽的传说，是半山村村民经常谈起或聚会之所	较前级程度较弱	较前级程度再弱	弱
	再利用成本	1年收回成本	1-3年收回成本	3-5年收回成本	5年以上收回成本

中国传统村落景观环境保护与可持续发展建设探索 半山村

表 3-2-4 半山村砖混结构乡土建筑"可利用性"分类表

评估内容		评估标准			
		一类	二类	三类	四类
结构现状	地基	地基砌垒整齐，保存完好，无塌陷、断裂	局部轻微损坏，但对承重无较大影响	损坏严重，影响上部构件的变形等问题	严重变形，使柱墙倾斜或开裂，无法承重
	柱	平直完好	保存较好	一般	损坏严重
	梁	平直完好	保存较好	一般	损坏严重
	承重墙	砌垒完好，无裂缝，无倾斜，无弓突	局部损坏，但不影响承重作用	裂缝、倾斜、弓突较严重，危及承重作用	损坏严重，不能起承重作用
功能适应性	基础设施	基础设施完好	基础设施基本到位	基础设施缺项	无基础设施
社会价值	区位	位于村落中心区域	位于村落次中心区域	位于村落中心区域边缘	远离村落中心区域
	景观标志	景观标识性强	景观标识性较强	景观标识性一般	景观标识性弱
	与周围环境的协调度	协调	较协调	一般	不协调
	情感因素	有美丽的传说，是半山村村民经常谈起或聚会之所	较前级程度较弱	较前级程度再弱	弱
	再利用成本	1 年收回成本	1-3 年收回成本	3-5 年收回成本	5 年以上收回成本

　　建筑的不同分类模式及类型划分是建立在不同的评估标准及分类原则基础上，各自有着不同的分类依据及优先考虑因素，各自的优劣势也不尽相同。（表 3-2-5）依据"内在价值"分类模式明确了必须立足于对半山村乡土建筑价值认识的前提下，科学地、系统地对乡土建筑进行保护与再利用实践；依据"可利用价值"分类模式评估半山村乡土建筑在乡村旅游发展态势下更新与再利用的潜力，深化对乡土建筑保护与利用的可行性研究，做到科学地、系统地为今后半山村乡土建筑环境的保护

与更新结合具体使用功能提供思路;依据"现状问题"分类模式针对性地分析半山村乡土建筑的现状问题,对现状问题进行归纳整理提出解决对策,避免过于主观和缺乏严密的系统性与科学性的分析比较。

表 3-2-5 三种半山村乡土建筑分类模式的综合与比较

分类模式	针对问题	解决的问题	优势	劣势
依据"内在价值"分类	半山村乡土建筑的内在价值	半山村乡土建筑的价值分类问题	科学性、系统性	缺乏对半山村乡土建筑可利用性的关注
依据"可利用价值"分类	半山村乡土建筑的可利用程度	半山村乡土建筑可利用程度的排序问题	科学性、系统性	缺乏应用的可行性、操作性
依据"现状问题"分类	半山村乡土建筑的现状情况	根据现状问题提出对策	可行性、针对性	缺乏系统性、科学性

乡土建筑环境更新的分类模式与类型划分需要立足半山村乡土建筑现状,理论研究结合实际问题,探讨以理论研究支撑分类依据,建立以评估分析乡土建筑内在价值、量化乡土建筑可利用价值到解决乡土建筑现状问题的分类模式,定性分析结合定量分析,以乡土建筑的可利用程度高低为分级原则,以待解决的现状问题为分类导向,最终提出半山村乡土建筑更新策略的分类(图3-2-9)。

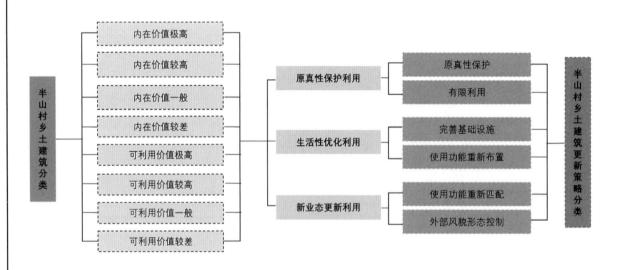

图 3-2-9 半山村乡土建筑更新策略分类结构关系图

3 半山村乡土建筑环境
保护与更新思路

3.1 确定乡土建筑环境保护与更新策略

　　乡土建筑及聚落环境是承载传统聚居文化历史信息的物质载体，国际上针对乡土建筑环境保护与更新方面的理论研究起步较早，在设计与建设实践方面已有许多成功案例和经验值得我们学习与借鉴。然而我们更需要基于本国国情，结合国外经验探索符合中国乡土建筑特性及传统聚落现状的保护与更新模式。半山村乡土建筑及聚落环境的保护并不能单纯地以乡土建筑质量的优劣程度来确定，需要根据半山村乡土建筑环境在乡村旅游发展的目标下，针对性地提出半山村建筑环境保护与更新的类型划分与分类，理顺半山村乡土建筑环境保护与更新思路。在调研与分析研究的基础上，总结出以下适应半山村乡土建筑环境保护与更新的适用范围与利用策略。（表 3-3-1）以下为符合相应类型空间环境条件的分类。

　　①半山村村域范围内具有一定历史、艺术、科学价值的民居、文化礼堂、书院、亭台等民用建筑环境；

　　②半山村村域范围内有一定历史、艺术、科学价值的乡土建筑且具备有限利用的条件，符合半山村整体规划布局要求的乡土建筑环境；

　　③半山村村域范围内基础设施不完善，原始使用功能与目前日常所需存在矛盾的半山村乡土建筑环境；

　　④半山村村域范围内历史价值不高，但具有一定历史意义的普通性的半山村乡土建筑环境；

　　⑤半山村村域范围内存在不同程度损毁且历史价值不高，但具备再造利用的条件，符合半山村整体规划布局要求的普通性乡土建筑环境；

　　⑥半山村村域范围内与乡村风貌格局不协调，但具备再造利用的条件，符合半山村整体规划布局要求的普通性乡土建筑环境；

　　⑦未列入任何保护条例规定的半山村村域范围内乡土建筑环境。

表 3-3-1 半山村乡土建筑环境保护与利用分类策略

类型	符合条件	保护与利用策略
原真性保护利用	①②⑦	原真性保护
		有限利用
生活性优化利用	③④⑦	完善基础设施
		使用功能重新布局
新业态更新利用	⑤⑥⑦	新业态功能置换
		外部风貌形态控制

3.2 半山村乡土建筑环境
保护与更新基本方式

    针对半山村乡土建筑环境保护与利用类型的分类，其中原真性保护利用类型适用于符合①、②、⑦情况的当地乡土建筑环境，此类型的乡土建筑具有较为完好的历史、艺术、科学价值，并且保存较为完整，具备有限利用的条件，在进行此类建筑的保护利用时，可不以追求其完美性为最终目标，而是尽可能还原其最真实的原有面貌，并通过有限利用延长乡土建筑的功能寿命，使后人在建筑中能够产生一种历史感的延续性认识；生活性优化利用类型适用于符合③、④、⑦情况的半山村乡土建筑环境，此类型的乡土建筑虽历史价值不高，但具有一定历史意义，这些基础设施不完善，且原始使用功能与目前人们日常所需存在普遍性矛盾的乡土建筑，在进行优化利用时一方面需要对缺失的基础设施进行完善，另一方面需要针对此类型乡土建筑内部功能进行重新优化和布局，适应现代人对空间的日常生活需要；基于满足乡村旅游新业态的更新利用类型，适用于符合⑤、⑥、⑦情况的半山村乡土建筑环境，此类型建筑存在不同程度损毁，且历史价值不高，或是与乡村风貌格局不协调，但这类建筑基本符合半山村整体规划布局要求，属于具备再造利用条件的普通性乡土建筑，在进行此类建筑的更新利用时，一方面可置入半山村整体规划发展及旅游新业态需求的新功能，将乡土建筑环境的使用功能与新需求的功能有机结合与匹配，另一方面需要依据总体规划要求，引导建筑外部形式和风貌符合规划控制要求，以此对其进行外部形态更新和内部空间改造的有效利用。

3.3 以功能完善与重置
作为乡土建筑保护与发展的基本方法

    乡土建筑能够保存真实的历史和文化价值，乡土建筑的延续既是对乡村生活的延续，也是保持乡村场所特征的延续，更是保持乡村文化的延续。半山村乡土建筑长期发展形成了特有的场所精神，这些充分结合地势、地形和水系等自然生态因素建造的建筑，没有繁复与华美的外表，散发着淳朴、淳厚的乡土气息，是因地制宜的色彩、质感和建筑形体的组合。半山村在发展乡村旅游产业的建设中，要强调保护赖以依存与利用的乡村原真性环境，以此为载体打造乡村旅游的核心吸引力，需要建立半山村乡土建筑与旅游功能之间的关联性，将乡土建筑中已经或正在失去活力和文化内涵的部分再次唤醒。半山村乡村旅游产业的发展需要建立在生活、生产、生态"三生一体"的基本构架上，从内部驱动引领乡村转型，带动乡土建筑风貌保护和可持续发展。

    任何一座建筑都具有物质和功能双重寿命，物质寿命度量的是建筑的支撑结构、围护结构、使用材料、设施设备等物质基础的耐受年限。排除自然灾害的影响因素，建筑的结构体系、建筑材料、施工工艺、技术水平等均影响着物质寿命的长度。建筑的功能寿命度量的是建筑的使用机能是否达到使用要求的年限，受到使用者的意愿、社会及环境变化的影响具有不确定性。由此可见，物质寿命与功能寿命相辅相成共同构成建筑的生命长度。虽然建筑的功能寿命以物质寿命为基础，但建筑的物质寿命往往大于其功能寿命。半山村与我国大多数乡村一样都存在大量闲置和破败房屋的现状，大部分现存的历史建筑虽保存着较为完好的物质基础条件，当实用功能不存在时，这些建筑将面临自然性颓废或被拆除的结果，导致建筑的物质寿命伴随功能寿命一起消亡的现象。这种物质寿命与功能寿命之间的紧密联系成为乡村振兴、文旅融合发展、历史建筑再利用过程中的新课题，只有延长乡土建筑的功能寿命，匹配其物质寿命的持续时间，赋予闲置和破败建筑新的使用功能，继续延长建筑的物质寿命，才是对乡土建筑最好地保护，才能改变老建筑自然性颓废的结局。地域文化特征深深烙印在乡村风貌中，乡土建筑具有物质与精神两方面的功能，同时还是历史的载体，[36]结合半山村未来的规划定位，重新调整村中闲置和废弃的乡土建筑的使用功能，契合乡村旅游对新功能的需求，完善和重置乡土建筑的功能，使半山村乡土建筑的功能寿命与其物质寿命同步，从乡土建筑适应性再利用的角度，为建筑的生存与发展提供可能性。结合对乡村潜在资源价值的认知，串联乡土建筑乡村性的各个要素，制定适用于半山村长远发展目标，使半山村乡土建筑在乡村旅游产业发展中能够得到有效保护和可持续发展。

3.4 半山村乡土建筑环境
保护与更新设计步骤和原则

半山村乡土建筑环境的保护与更新设计应针对具体对象进行分析，有针对性地探讨保护与更新的思路与步骤。第一，甄别保护与更新的对象。保护对象的确定不能仅凭乡土建筑现状质量的优劣情况，要通过对半山村整体的历史环境和乡土建筑的文化价值与意义进行综合评估，需要确定保护对象分类与具体的建筑保护内容。不能仅停留在保护乡土建筑的物质层面，更要对乡土建筑中展现和隐含的乡村整体风貌、建筑构造，以及依附于乡土建筑中丰富的乡村生活等因素，审慎确定需要保护与更新的具体对象；第二，明确保护与更新的目标。半山村乡土建筑环境的更新以改善传统村落环境及乡土建筑品质，匹配半山村旅游业态更新下的功能需求为总体目标。那些具有一定历史、艺术、科学价值的乡土建筑与聚落环境是半山村传统聚居文化的物质载体，要尽可能多地保留这些历史信息。从半山村地域特点和条件出发，既要服从半山村乡村聚落整体秩序的格局，也要营造半山村乡土建筑环境的"场所感"；第三，选择保护与更新的方式。明确对保护对象的技术手段选择，并结合社会、经济、文化、环境等综合效益分析确定保护与改造的权重，以此提出保护与更新设计方案。针对破损严重的乡土建筑要经过调查、鉴别和确认其不再具有保存价值后方可展开更新设计，还要确认更新内容是否符合半山村整体规划布局要求。保护不仅仅是对具有一定价值的乡土建筑的保存与维护，同时也需要考虑改造内容的具体处理方式，对历史原真性的保护不在于原样保存过去的风貌，而是要在现存的事物中，找到未来可能发展的方向。时代在发展，人对物质文化有更高层次的需求，要强调以现代的、新的面貌呈现乡土建筑的时代特征，而不是一味地复旧，要明确实现半山村的有机更新及乡村旅游的可持续发展，才是保护与更新的实质内涵与意义，强调打造新时代具有浓郁地方特色的半山村。

半山村乡土建筑环境保护与更新设计应遵循的基本原则主要为以下三个方面：第一，坚持生态优先可持续发展原则。半山村乡土建筑环境保护与更新设计应尊重自然、顺应自然，因地制宜，强调人与自然共生的居住体验，关注半山村过去、现在与将来的延续关系；遵循半山村未来合理的规划发展轨迹，把村民的生活需求、乡村旅游发展的需求与保护村庄的原生态环境紧密结合起来，统筹村庄的长远发展规划；遵循以生态优先的可持续发展原则，针对半山村乡土建筑现状进行具体分类保护及再利用，实现半山村可持续发展的目标；第二，坚持整体与局部协同发展原则。从半山村的聚落整体环境出发，既要尊重乡土建筑在原有环境中的个性化营造"立意"，还要注重保护和塑造半山村聚落环境的整体风貌由过去一味重视对单体建筑的静态保护，逐渐由点及面开始关注历史建筑及其周围环境，最终发展形成聚落与建筑的整体性保护，这种整体性保护的思想囊括了保护历史环境的有形层面，还包括生活形态、乡土文化及场所精神等无形层面。[34]要整体协调村域内不同时期的建筑特征，从形式、材料、色彩、工艺等方面控制建筑整体风貌，重点保护半山村乡土建筑依山就势、错落有致的山地村庄聚落风貌，延续村庄的肌理与空间形态特征，传承传统建筑的构建技艺，保护地方特色建筑景观资源，展现半山村传统村落特色，把握好场所精神的地域性整体风貌的表达；第三，坚持历史性与现代性兼顾的发展原则。历史性与现代性的兼顾就是既强调对传统村落历史文化的传承与弘扬，也强调时代发展对乡村建设的新要求，满足当代乡村对物质与精神方面的新需求。在半山村传统建筑的保护与更新设计中既要保存优秀的传统建筑风貌与技艺，又要探索传统建筑风貌与现代建筑的协调与共生，探索传统建筑与现代建筑在功能需求、建造技艺、建筑材料、建筑色彩等方面的有机融合，探索新旧空间如何共融共生。乡土建筑环境的保护与更新既是尊重和保护地域文化、延续乡村性，又是新与旧的对话，将现代美学、现代技术、当代文化注入乡土建筑的保护与更新建设工作中，努力实现半山村传统聚落环境与乡土建筑在新时代乡村振兴建设中有机交融与和谐发展。

4 半山村乡土建筑环境
保护与更新设计实践

半山村传统村落的保护与发展要按照乡村发展规划确定的方向，结合实际需求有效保护与再利用好半山村中的乡土建筑，利用这些既有资源，服务乡村旅游的新需求，这是最佳的保护与再利用的方式。乡村旅游新业态下的半山村乡土建筑环境更新利用是指在乡村旅游规划下，围绕半山村乡村旅游规划及旅游产品设计策略，将发展乡村旅游所需要的业态功能需求注入到乡土建筑保护和功能更新与置换中，将一些不能达到现代生活的使用功能改造为满足乡村生活需求的使用功能，与半山村乡村旅游业态更新下的功能需求匹配起来。

结合半山村"赏""养""隐""悟"的保护开发思路，为半山村量身定制旅游产品设计策略。在乡村旅游方面，以提供民宿餐饮及农艺体验为旅游主题，强调以"隐"为设计思路，为家庭旅游提供住宿、餐饮、游玩的特色服务。居住类旅游产品以山村民宿、企业会所、树屋度假、帐篷酒店、高端民宿等为主，分布于整个半山村村域范围内，根据半山村乡村旅游规划的定位以及居住类产品的不同特点及环境要求，在半山村核心风貌控制范围内规划设置了3处山居民宿、2处高端民宿及1处竹林精舍，为目标客群提供由中端到高端的居住类旅游产品，帮助游客寻找到适合自己的旅行方式。餐饮类旅游产品以轻餐饮、沿溪茶座、茶肆、茶亭、半山茶楼、农家菜等为主，服务半径辐射全村，提供茶品及半山村乡土美食，将传统的茶饮与现代的生活方式交融在一起，既能为游客提供交流互动空间，又能为游客提供休憩、欣赏半山风光的场所（图3-4-1）。

(1)住宿类产品布局 　　　　　　　　　　　　　(2)餐饮类产品布局

图 3-4-1　半山村核心风貌区住宿与餐饮类产品布局图(1-2)

乡土建筑的真实状态需要根据真实的历史信息对乡土建筑进行评估来确认，1994 年，由联合国教科文组织、国际文化财产保护与修复研究中心（ICCROM）、国际古迹遗址理事会（ICOMOS）在《奈良原真性文件》中提出原真性的判断依据："根据文化遗产的本质、文化背景以及随时间的演进，对原真性的评判可能与大量的信息来源有关，包括形式与设计、材料与物质、利用与机能、传统与技术、区位与场所、精神与感情，以及其他内在或外在的因素。"对原真性的判断，是人对历史的认识，它与人的知识、当时的技术条件有关。[35] 依据这样的基本标准与内容，能够指导我们对乡土建筑的价值和原真性进行评判，在保护与更新建设中需要尊重地域文化，依据乡土建筑所隶属的地域文化环境来思考和评判乡土建筑的特性，提出具体的保护与更新方法。

半山村因古道文化而生，因自然山水而活，半山溪及黄永古道为骨架的滨水主轴线贯穿于整个村庄，展示了半山村滨水山地村落的特征，滨水核心景观轴线的确立，能够整体地协调及打造半山村传统村落风貌，引导建筑环境空间的秩序化，串联古宅、古道、古桥、古树、古井等历史环境要素，形成富有半山历史文化底蕴的景观廊道，打造富有半山韵味的游览路线。滨水核心景观轴线串联村口观景休闲区、公共景观节点、文化礼堂、景观台地、梨树王景观节点、半山茶楼、半山青年旅舍等活动节点，在完善公共基础设施的基础上，打造半山村富有地域特色的整体风貌，构建具有半山村村落特色的空间形象，增加轴线序列的节奏感和观赏性。

4.1 半山村乡村振兴产学研基地
　　建筑更新设计方案

半山村的乡村振兴产学研基地是浙江工业大学小城镇协同创新中心与台州市黄岩区战略合作项目。为全面提升宜居乡村规划建设水平，更好地促进传统村落的保护和开发，不断深化、拓宽校地产学研合作领域，实现高校服务地方经济社会发展的目标，经双方协商，在富山乡半山村共建校地合作产学研基地，针对半山村在乡村振兴和美丽乡村建设中面临的重要问题提供全方位的智力支撑。即在村庄区域发展规划、传统村落保护与更新规划、村庄设计、乡村景观环境设计，以及乡村建筑设计等方面开展专题研究和设计服务。用于改造为产学研基地的老房子位于半山村沿溪核心景观带的中心位置，周边有多座传统风貌建筑，溪水隔岸对望半山村文化礼堂，建筑周边还有多棵树龄400-500年的南方红豆杉，这些重要的古建筑和古树木都是村庄生活记忆的有机组成部分，更是半山村地域文化景观保持完整性及延续性的重要元素。该建筑是一座具有历史文化内涵的乡土建筑，对该建筑的保护和再利用能够实现塑造半山村特有的总体特征和场所氛围的作用，将有益于保存传统建筑和传承乡村文化。乡土建筑传达给人们的生活情景能够起到确立人与环境相互关系的作用，加深人们对乡村文化的认同与理解，从而有助于复兴乡土建筑的场所精神。半山村产学研基地所在的建筑原本是两层两户人家的居住空间，为木石结构建筑，外立面由块石砌筑而成，内部由木制梁柱支撑并分割空间（图3-4-2、图3-4-3）。

　　该建筑已闲置十余年，破损严重，年久失修。按照半山村发展规划要求，在保持建筑外立面传统风貌的基础上，赋予该建筑内部空间新的功能，既用作"浙江工业大学产学研基地"办公场所，空间中注入展示、交流、工作、住宿等多项功能，使这座老宅成为半山村对外交流和展示的重要窗口，助推半山村振兴发展，建成美丽乡村。屋内的原始柱网及木板壁将空间分割成四个开间，在建筑原有结构的基础上重新布置建筑功能，将一层分隔左右两户人家的墙面部分打通，组合成为一个宽阔的展示空间，二层基本保留原来的格局，改造少部分墙面来扩大工作区和讨论区，丰富产学研基地的使用功能（图3-4-4至图3-4-7）。

图3-4-2　拟改造利用为产学研基地的民居建筑

(1)	(2)	(3)
(4)	(5)	(6)
(7)	(8)	(9)
(10)	(11)	(12)

图3-4-3　拟改造利用建筑的室内现状(1-12)

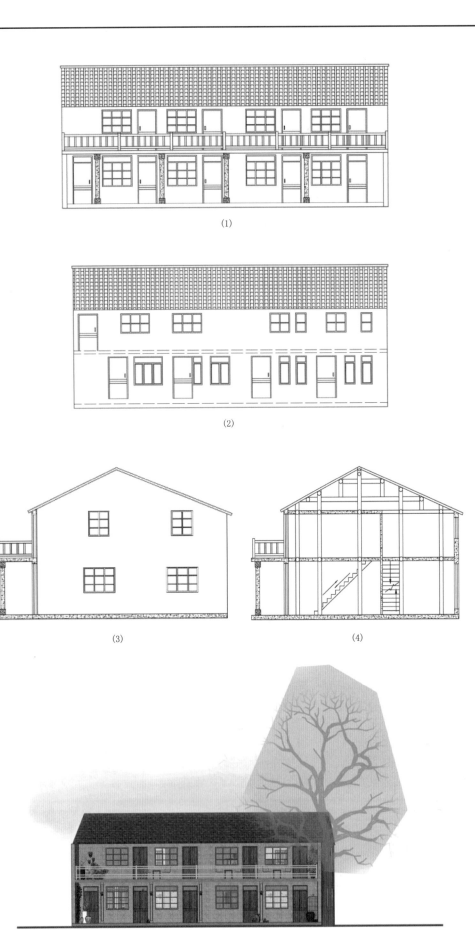

(1)

(2)

(3)　　　　(4)

(5)

图3-4-4　产学研基地建筑立面和效果图(1-5)

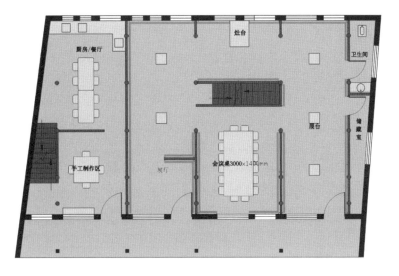

(1)一层平面图

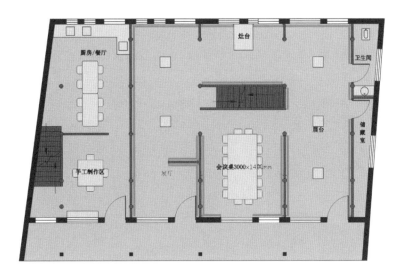

(2)二层平面图

图3-4-5 产学研基地室内平面布置图(1-2)

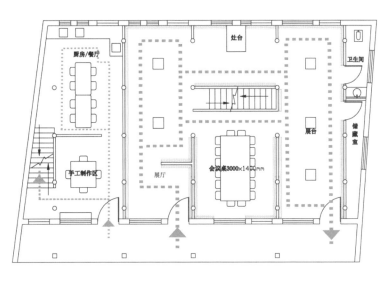

(1)一层交通流线图

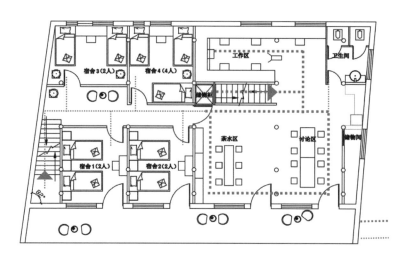

(2)二层交通流线图

图3-4-6 产学研基地室内交通流线图(1-2)

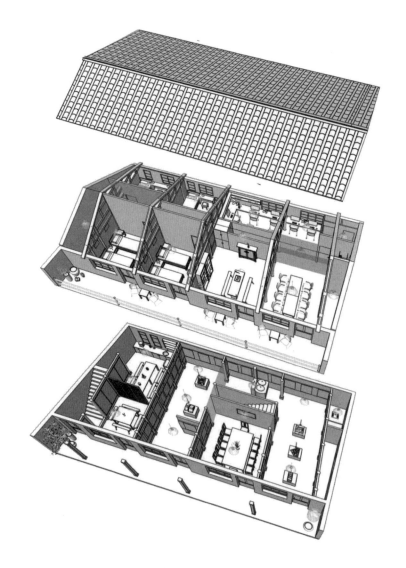

图3-4-7 产学研基地室内空间关系示意图

在建筑更新改造设计中将乡村性作为贯穿于空间和陈设设计的主线。产学研基地的场所感知与建筑环境意象两者有着直接的关联性，建筑环境意象能够通过建筑的形式、材料、色彩和历史文化元素等营造出具有乡村性主题功能的空间形象。在建筑空间环境的更新改造中保留了原有建筑的两层木结构和石砌筑的房屋墙体，构造上承袭传统梁椽木结构，保留建筑屋面铺盖陶制小青瓦，最大限度地保持原有建筑造型质朴典雅的风貌，起到彰显乡村性建筑历史肌理感的作用。建筑内部沿用传统制作工艺，以木、石、竹等乡土材质为主，在门窗、板壁及木构件等样式与工艺上，沿用半山村当地传统做法，多采用当地的杉木或松木，色彩保留了杉木自然风干后的色调，并施以桐油及清漆防潮和防蛀，整体色调和谐统一（图3-4-8至图3-4-14）。

(1)

(2)

图3-4-8　一楼展示区域效果示意图(1-2)

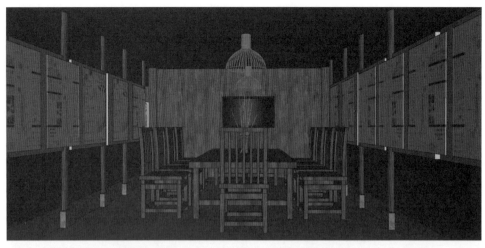

(1)

(2)

图3-4-9　一楼会议区域效果示意图(1-2)

(1)

(2)

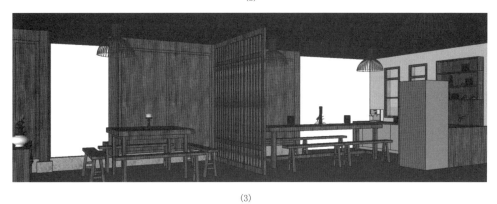

(3)

图3-4-10　一楼餐厅厨房区域效果示意图(1-3)

图3-4-11　二楼工作区域效果示意图

图3-4-12　二楼会议区域效果示意图

(1)

(2)

图3-4-13　二楼休闲区域效果示意图(1-2)

图3-4-14　二楼宿舍效果示意图

在乡土建筑保护与更新中，建筑色彩控制是最基本的原真性保护方法与手段，对半山村传统乡土建筑色彩的提取，有助于对建筑整体色彩的管理控制，辅助原真性乡土建筑的还原。室内色彩突出强调以自然柔和的暖黄色调为主，追求乡村色彩风貌的和谐统一。室内陈设保留一些传统民居生活元素，如生火煮饭用的土炉灶和当地村民储物的传统雕花橱柜等，通过运用具有生活文化价值与意义的载体，结合现代设计的形式语言传递生活情感，重塑场所精神。半山村产学研基地的室内空间包含了对村民及游客开放的展览区、半山村规划及设计成果展示空间、产学研工作室、住宿与简餐等日常生活的复合功能空间。依照设计方案更新改造产学研基地空间环境，作为高校服务于乡村建设的实践基地，为师生和村民提供工作和交流的场所，同时也是展示乡村设计与建设成果的窗口，更成为乡村文化建设的独特载体（图3-4-15、3-4-16）。

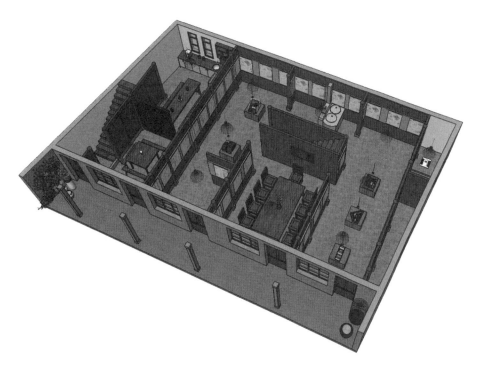

(1)

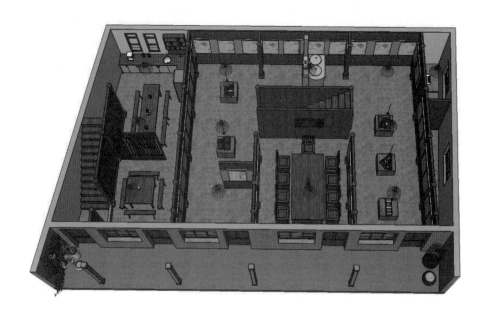

(2)

图3-4-15　产学研基地一层轴测图(1-2)

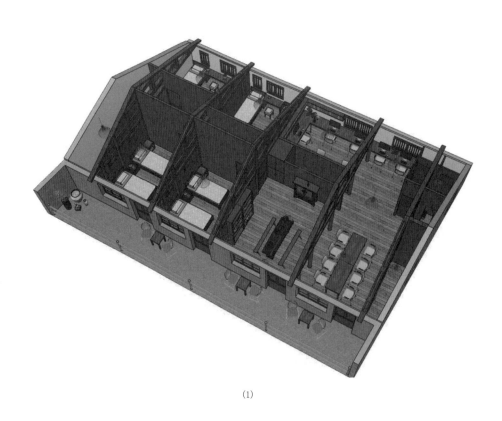

(1)

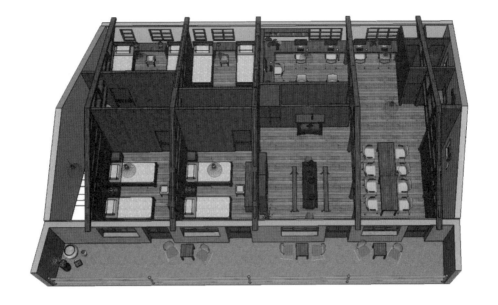

(2)

图3-4-16 产学研基地二层轴测图(1-2)

4.2 半山村青年旅舍建筑更新设计方案

  随着中国旅游事业的蓬勃发展，自助旅游、游学旅游、家庭旅游将成为乡村旅游市场最重要组成部分。为满足半山村乡村旅游发展的需求，在半山村核心风貌控制范围的西北处规划布局以青年旅舍为主要住宿形式的山村民宿。倡导素质教育，走进大自然，走进乡村，为青少年实现"读万卷书，行万里路"创造认识乡村生活有利的社会氛围。青年旅舍是提供旅客短期住宿、鼓励年轻人进行户外活动以及文化交流的地方，提供友善、清洁、安全、舒适、环保的环境，是自助旅游者及背包客最常考虑的住宿地点之一，提倡简朴及高品质精神生活追求。半山村按规划新打造的公共建筑主要为青年旅舍、半山茶室和产学研教学基地，三个公共建筑都是在半山村原有建筑的基础上加以改造，设计上保持传统建筑的风貌特色，功能上能够满足游客的旅游消费体验需求。

  在半山村居住类旅游产品规划中，将山村民宿定位为中档居住类产品，囊括农家乐、青年旅舍、山村客栈三类住宿形式。青年旅舍的规模较大，能够容纳较多的游客，提供多人间为主的紧凑型房间、双人间及家庭间的舒适型房间，供游客选择，还提供公共厨房、餐厅、商店、卫生间、淋浴房、洗衣区等基础服务设施，配备咖啡屋、小剧场、书吧、户外庭院等休闲交流空间，还配备接待厅、管理室、清洁室、员工宿舍等后勤保障服务房间。这些空间既能促进游客之间相互交流，又能满足游客们多元化的居住需求，身居半山村，感受乡情乡韵。

  半山村青年旅舍由村中七座闲置和破损的民宅以及一个储物棚改造更新组成。为方便设计管理对有各自门牌编号的建筑和储物棚重新排序命名为A、B、C、D、E、F、G、

H（图3-4-17、图3-4-18）。A、F建筑都为2层木结构建筑，风貌保存完好；B、C、E、G建筑都为砖结构建筑，风貌保存一般；D建筑为2层砖木结构建筑，风貌保存一般；H为储物棚，风貌保存一般。因此整体上除了A、F建筑风貌保存较好，其他建筑与半山村建筑风貌并不统一。为了协调建筑风貌关系，一方面对A、F建筑进行建筑结构保护修缮，保持半山村传统建筑特色；另一方面将其他几栋建筑进行修整改造，在建筑立面上加入木结构元素如门头、窗格等，使之与A、F及其他历史建筑风貌相融合（图3-4-19）。

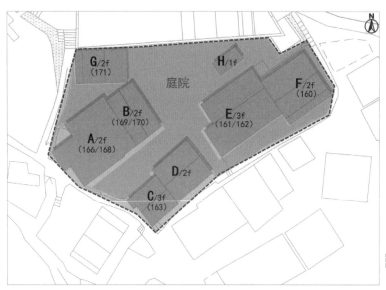

图3-4-17　青年旅舍场地规划图

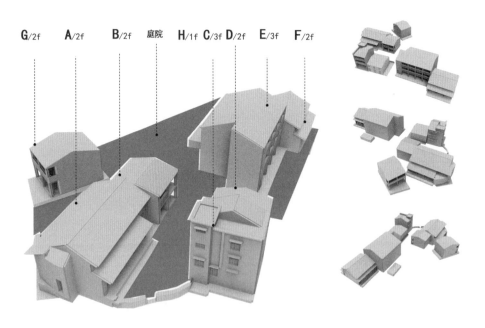

图3-4-18　青年旅舍各建筑组合关系示意图

(1)A建筑　　　　　　　　　　　　　　　　(2)B建筑

(3)C建筑　　　　　　　　　　　　　　　　(4)D建筑

(5)E建筑　　　　　　　　　　　　　　　　(6)F建筑

(7)G建筑　　　　　　　　　　　　　　　　(8)H储物棚

图3-4-19　拟改造更新利用建筑的现状(1-8)

　　通过匹配青年旅舍的功能需求，结合场地范围内乡土建筑的位置、面积、保存现状等，对场地内A—H八座建筑分别进行功能定位设计。将A、D、H建筑定位为公共的活动空间，A建筑以提供接待、休闲娱乐功能为主，为青年旅舍的入口；D建筑紧邻C、E建筑，将D建筑功能定位为公共厨房及餐厅，服务半径能够辐射周围建筑；H建筑原为储物棚，在整个庭院空间中，定位为户外遮阳棚，串联庭院空间；B建筑紧临A建筑，将其定位为管理室、储藏室及提供员工宿舍的功能；C、E、F、G建筑依据不同的位置、面积、建筑质量等设置住宿功能的标间、多人间、家庭房等多种房型。另外在主入口的南侧，设置单车停放区，为骑行者提供停放单车的服务（图3-4-20）。

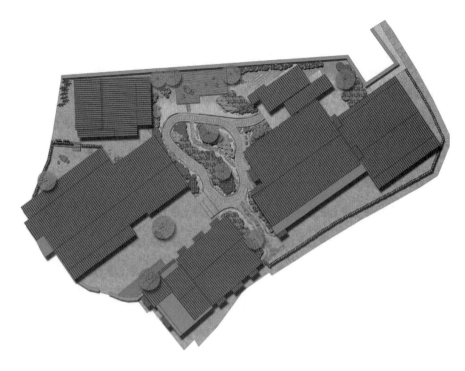

图3-4-20 青年旅舍平面布置图

　　青年旅舍场地内编号 A—H 的建筑最初的使用功能都是村民的自住房屋及附加功能用房，彼此之间相互联系又相互独立，缺乏围合感，A、C 建筑紧邻村主路，C、D、E、F、G 建筑以村之路作为交通路径，B、D、E、G、H 建筑围合而成内部庭院空间。青年旅舍的规划设计完善了建筑群之间的通达性，利用庭院路联通各幢建筑，连接各主次景观节点，打破场地内各建筑之间的独立与割裂感，营造向心性的庭院空间，增加各建筑之间的联系性，重新梳理并打造青年旅舍建筑的私密空间、公共空间和公共庭院空间的场所空间体系（图 3-4-21）。

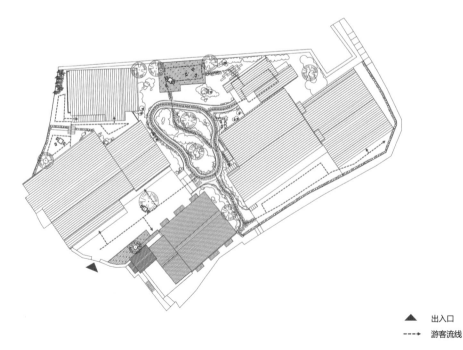

▲　　出入口

---▸　游客流线

图3-4-21 青年旅舍交通流线图

场地内编号A、F的建筑为民国时期建筑,至今仍保留了较为完好的传统建筑风貌,它们的建筑形式、建筑材料、空间利用与建造技艺等无不体现着传统乡土建筑的内在特质与文化内涵,它们既是半山村地域文化景观的构成要素,也是乡村聚落场所氛围形成必不可少的组成部分。A、F建筑的山墙以石砌筑,中间以木结构作为承重,屋面采用两坡硬山,曲面屋顶,檐口自然落水,屋顶采用当地盛产的青瓦,檐廊以木构架为主体,柱廊采用石墩与木柱结合的形式。建筑的前檐以木板结构作为墙壁,配以槛窗和木门,后檐采用砖混石块的形式,建筑周边以条石作为台基,山墙以条石砌筑,勒脚以大小不一的石块采用传统做法砌筑。这两座典型的乡土建筑运用传统营建手法进行保护性的更新设计和修缮,既是原真性的保护利用,也是在新业态下建筑环境的更新与再利用。

　　A建筑位于场地的西面,紧临村主路,将其作为青年旅舍的入口,提供接待服务、休憩娱乐等公共服务,一层以接待休憩功能为主,提供便利商店及公共卫生间,二层为公共活动区,涵盖书吧、咖啡屋及小剧场等,将住客的活动流线与工作人员的工作流线进行区分,避免交通动线的重叠(图3-4-22、图3-4-23、图3-4-24)。

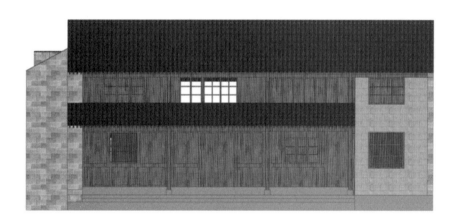

(1)南立面图

(2)北立面图

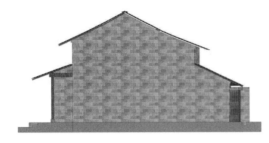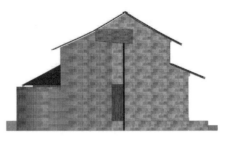

(3)东立面图   (4)西立面图

图 3-4-22   A建筑更新改造后立面图(1-4)

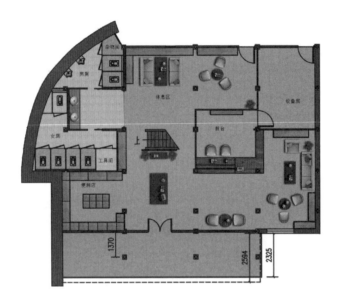

(1)一层平面图

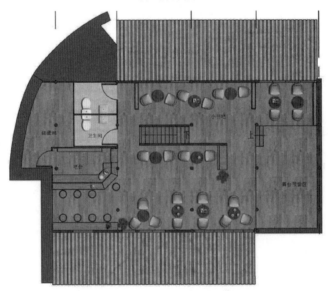

(2)二层平面图

图 3-4-23   A建筑室内设计平面图(1-2)

(1)

(2)

图 3-4-24 A建筑室内设计方案效果图(1-2)

F建筑位于场地的东面,作为青年旅舍紧凑型家庭房型,提供家庭套房、起居空间、基础设施等功能。在空间分割上仍沿用建筑初始的柱网分割,在一、二层左右两开间内布置了两间家庭套房,一层的中间开间为公共厨房、餐厅,二层则为起居空间,室内既保证了住客的私密空间又提供了公共活动空间,满足居住的基本功能需求(图3-4-25、图3-4-26、图3-4-27)。

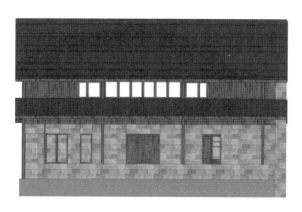

(1)北立面图

(2)南立面图

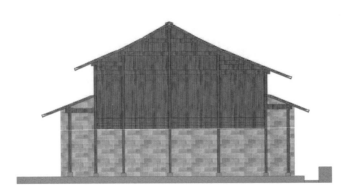

(3)东立面图

图 3-4-25　F建筑更新改造后立面图(1-3)

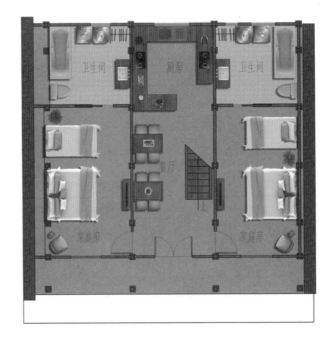

(1)一层平面图

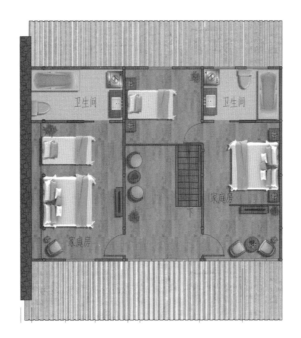

(2)二层平面图

图 3-4-26　F建筑室内设计平面图(1-2)

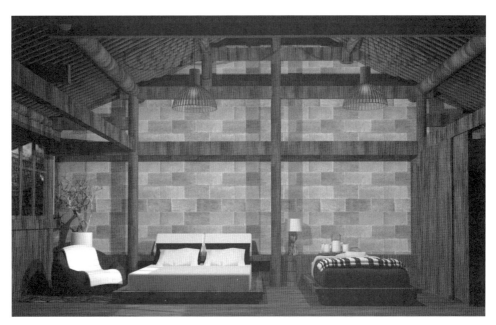

(1)

(2)

图 3-4-27　F建筑室内设计方案效果图(1-2)

青年旅舍编号为 A、F 的建筑承袭了半山村传统乡土建筑的营造形式，对其原真性的修复、修缮需要展现其物质形态和文化形态的真实性，采用传统作法修复建筑的模式，保留原建筑的历史特征。其中，A、F 建筑的骨架形式正是对空间形态的表达，是场所精神所依托的物质结构。通过对传统建筑构造的保护与利用，可以再生原有建筑中蕴藏的场所精神，并在保持与原有营造方式一致的基础上，融入现代设计的元素，与传统乡土建筑进行有机融合，在建筑外观上保持传统乡土建筑文化的象征性与统一性的特征，结合新的建筑功能要求，"置换"室内的使用功能，以适应乡村旅游背景下对新业态的功能需求，历史不能被重建，人们只有在特定的场景下才能真切地感知场所，塑造传统文化与地域性的归属感。

青年旅舍规划场地内编号为 B、D 的建筑均为 20 世纪 80 年代的建筑，早已无人居住而且破败不堪。B、D 建筑的墙体均为石承重，前檐以石砌筑，配以木门及木窗，后檐采用石块的形式，山墙以条石或大小石砌筑，屋面采用两坡硬山，曲面屋顶的形式，檐口自然落水，屋顶采用当地盛产的青瓦，混凝土钢筋作为栏杆，周边以条石作为台基。这两座建筑按照青年旅舍的功能分区要求进行建筑和室内的更新改造设计，建筑采用当地乡土建筑风貌形式进行设计，室内按照公共和服务性的新功能要求设计（图 3-4-28、图 3-4-29）。

青年旅舍规划场地内编号为 C、E、G 的建筑均为 20 世纪 80 年代后期建筑，现状保存质量一般。C、E、G 建筑采用砖混承重作为结构形式，以黏土砖及混凝土为主要建筑材料，正面以面砖墙面配以铝合金门窗或木门，灰白色抹灰或红色黏土砖作山墙，采用平屋面与坡屋面结合或正置式屋面的形式，混凝土钢筋作为栏杆，以石块或混凝土作为台基，勒脚以块石垒砌，采用局部抹灰的形式。

G 建筑的设计方案是将改造与扩建有机结合，为满足新的使用功能需要，对内外部空间进行更新，功能分区重新分割组织。该建筑为砖混结构的承重形式、平坡结合的屋顶、混凝土台基等，由于G建筑的乡土特征不鲜明，除了置换建筑内部使用功能，还需要在建筑形式上与半山村乡土建筑的特质进行契合，将乡土建筑特征性的元素与当代设计的要素充分捏合在一起，解决G建筑乡土风貌不够鲜明的问题（图3-4-30 至图3-4-39）。

(1)南立面图

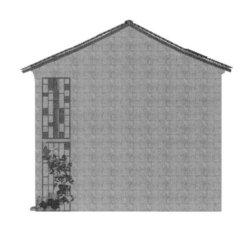

(2)东立面图

图 3-4-28　B建筑更新改造后立面图(1-2)

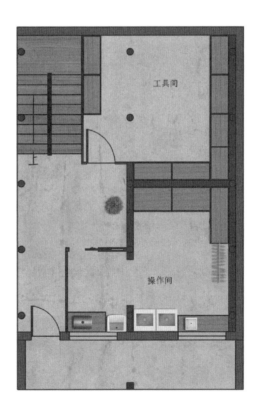

(1)一层平面图

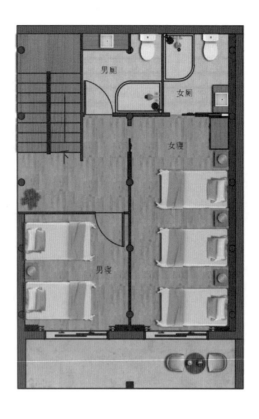

(2)二层平面图

图 3-4-29 B建筑室内设计平面图(1-2)

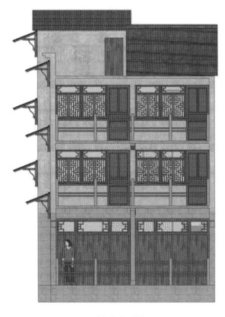

(1)南立面图

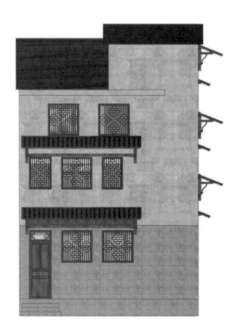

(2)北立面图

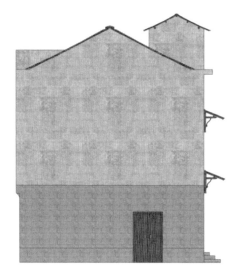

(3)西立面图　　　　　　　　　　　　　　(4)东立面图

图 3-4-30　C建筑更新改造后立面图(1-4)

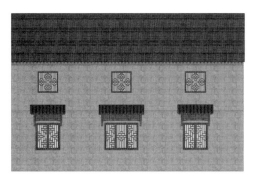

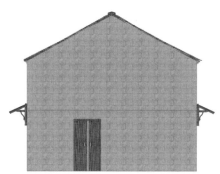

(1)南立面图　　　　　　　　　　　　　　(2)西立面图

图 3-4-31　D建筑更新改造后立面图(1-2)

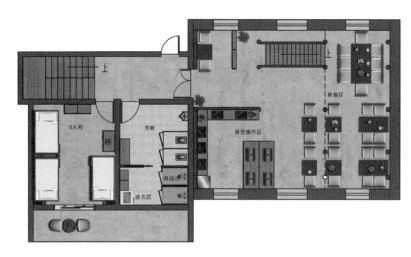

(1)C、D建筑一层平面图

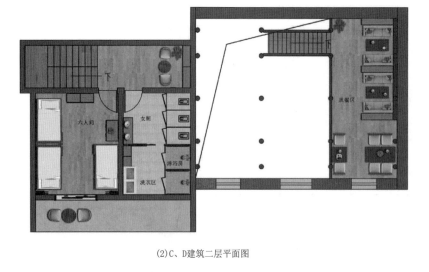

(2)C、D建筑二层平面图

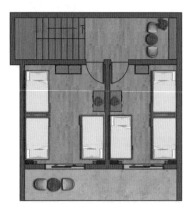

(3)C建筑三层平面图

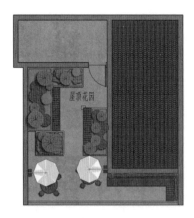

(4)C建筑屋顶平面图

图 3-4-32 C、D建筑室内设计平面图(1-4)

图 3-4-33　D建筑室内设计方案效果图

(1)南立面图

(2)北立面图

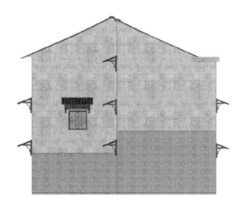

(3)西立面图

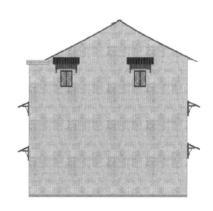

(4)东立面图

图 3-4-34　E建筑更新改造后立面图(1-4)

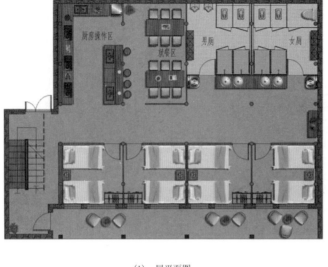

(1)一层平面图

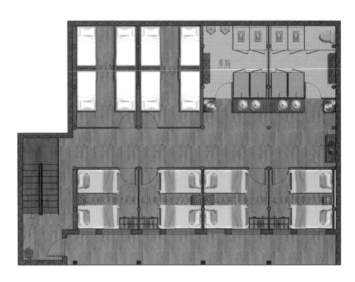

(2)二层平面图

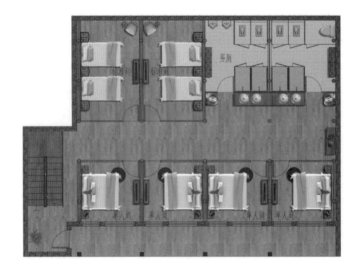

(3)三层平面图

图 3-4-35　E建筑室内设计平面图(1-3)

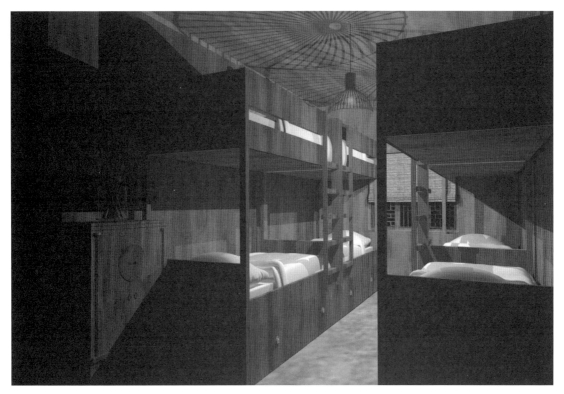

(1)

(2)

图 3-4-36　E建筑室内设计方案效果图(1-2)

(1)西立面图   (2)东立面图

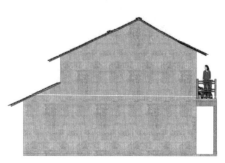

(3)南立面图   (4)北立面图

图 3-4-37　G建筑更新改造后立面图(1-4)

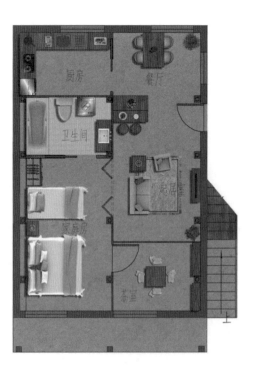

(1)一层平面图

(2)二层平面图

图 3-4-38　G建筑室内设计平面图(1-2)

图 3-4-39　G建筑立面改造后轴测图

　　青年旅舍建筑组群中的H建筑是一处储物棚改造的遮阳棚，作为服务于在此住宿的青年旅行者露天畅饮、休闲交流的户外公共活动空间。该建筑场地原是村民自住房屋之间的开阔空间，H建筑原为木构筑的储物棚，建造年代、结构形式、围护结构、屋面、台基、现存的建筑风貌等与周边民宅相同。对遮阳棚建筑环境进行更新利用时，强调在不使用新材料和新技术的情况下，以传统构造手法进行改建，凸显乡土建筑地域性的形态结构。对遮阳棚建筑的更新并不是将其修建一新，而是利用建筑的各个部件进行结构形式的重组，体现传统与现代结合的构造形式，使建筑体现出新与旧的关联性。排列整齐的椽架、屋面、横梁、木柱、石墩、块石等，这些构件都具有其形式上或结构上的独立特征，对该建筑的更新利用，创造处理一种新的空间形式，赋予了新的场所精神（图3-4-40、图3-4-41）。

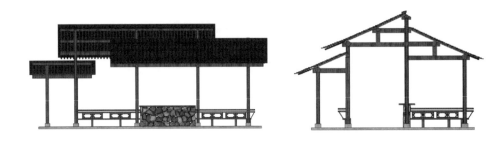

(1)南立面图　　　　　　　　　　　　　　　　　(2)西立面图

图 3-4-40　H建筑(遮阳棚)更新改造后立面图(1-2)

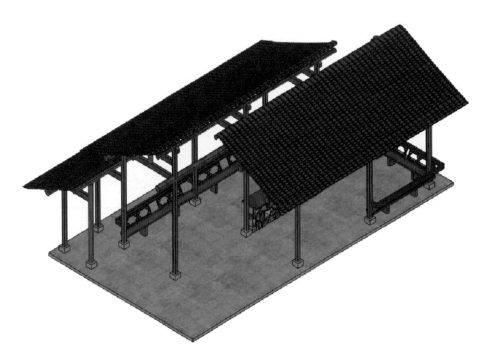

图 3-4-41　H建筑(遮阳棚)更新改造后轴测图

半山村青年旅舍的庭院景观营造结合各个节点的空间尺度、开放程度加以变化，形成移步异景的空间感受，用景观串联青年旅舍入口和各个旅舍功能的乡土建筑，以及建筑之间的公共活动空间，加强庭院核心景观节点与遮阳棚功能建筑之间的互动性，将这个节点打造成青年旅舍内主要景观节点和公共交往空间，联通各建筑与庭院连结的场地内部入户流线，形成线型的交往通道，确保流线的通达性及高效性，在新的空间秩序上以乡土建筑为主体，并与道路、植物铺装、景观小品、庭院及该地段自然环境所构成的空间，形成青年旅舍规划场地的整体肌理形态。乡土元素的时代感延续与庭院场地交织一起，营造出具有一定的空间秩序与意象的环境，并赋予空间形式上的美感，使人们能够通过对空间的感知而引发对传统乡村文化的思考（图 3-4-42、图 3-4-43、图 3-4-44）。

图 3-4-42　青年旅舍庭院环境效果图-1

图 3-4-43　青年旅舍庭院环境效果图-2

图 3-4-44 青年旅舍建筑鸟瞰图

4.3 半山茶楼建筑更新设计方案

在半山村餐饮类旅游产品规划中，半山茶楼位于半山村核心风貌控制区西北方位，场地周边环境幽静，北向为老梨树景观组团，半山溪与子母坑溪交汇环绕着场地，周边有青年旅舍、农家乐、高端民宿等，服务半径辐射周边。半山茶楼场地内的高差变化丰富，自然下沉的空间，围合出了半山茶楼的场地。被改造利用的是一处传统风貌的民宅，这座木构建筑作为住宅分隔成多间不同使用功能的房间，私密性很强，建筑与周边场地之间的关系相互独立。当这座民居功能的建筑被重新定位为餐饮服务功能后，原有空间的开放性不足，建筑内外环境缺乏空间联系性，显然不能满足置换成茶楼餐饮功能对于建筑内外空间环境的使用要求，需要依照茶楼功能进行建筑、室内和周围景观环境的更新设计。

这座改造为半山茶楼的民宅为整体木构建筑，以穿斗式木结构承重，墙面采用木板和编织竹条饰面做维护材料，既防潮防雨又别具半山乡土味。木板墙面开有槛窗，房前屋后安装有木门。建筑的屋顶比较简洁、朴素，有前后两面坡，采用当地盛产的小青瓦作屋面。建筑底部周边以条石做台基。屋檐廊以木构架为主体，檐口自然落水，柱廊采用石墩与木柱结合的形式。建筑室内以木板壁分隔界定空间，一层功能为堂屋及厨房，二层为卧室，上下层由木梯连接。这些乡土建筑特征与风貌需要在更新改造方案中得到利用与传承（图 3-4-45）。

(1)   (2)

(3)   (4)

图3-4-45　拟改造更新利用建筑的现状(1-4)

　　这座茶楼建筑位于青年旅舍西南方向,黄永古道在中间穿过,视觉景观风貌较好。改造方案重点对其进行建筑加固,并结合茶楼功能进行空间的分区,增设外廊和二层平台,进一步完善作为茶楼功能所需要展现的乡土建筑风貌。半山茶楼建筑在更新改造中遵循与半山村乡村建筑及自然环境融合的原则,在建筑构造、材料及色彩设计上都接近于原有老建筑的风貌样式,形成与周边建筑环境内外融合的整体关系(图 3-4-46、图 3-4-47)。

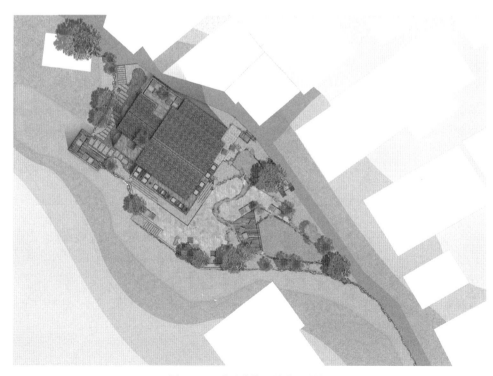

图3-4-46　半山茶楼区域总平面图

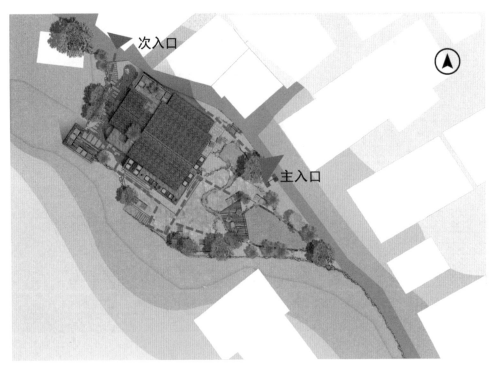

图3-4-47　半山茶楼区域交通流线图

次入口

主入口

　　半山茶楼的功能定位是提供游客和村民一处休闲交流的场所，既需要有室内饮茶区、室外饮茶区、入口接待区、厨房备餐区、洗手间及储物管理用房等常规功能，也需要有小卖部等附属用房空间，满足旅游接待和游客乡村体验的多项需求。设计方案的一层增加了半山村传统做法的廊道，二层增加了休憩平台，形成茶楼空间向外部的延伸，这种对空间秩序的优化，使一层廊道和二层休憩平台增加了服务空间面积，打破了原有空间的封闭和局促，强化了室内与室外的互动性，增加了空间的趣味感。庭院空间作为室内服务功能的外延，给人以内外有别、动静不同的感受，满足游客及村民对茶楼空间的不同诉求，起到引导游客行为体验的作用。茶楼改造更新方案尽量保持原建筑的历史形态和特征，延续乡土建筑和乡村环境特有的个性与风貌，最大限度地保留原有建筑中的历史文化信息，同时有机结合现代的建筑语言表达，力争能够延伸出一种具有时代感的场所氛围，使半山茶楼成为游客体验和感受半山村乡土记忆的休闲场所，以及具有人文归宿感的修心驿站（图3-4-48至图3-4-51）。

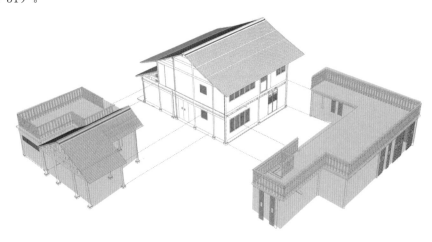

(1)

中国传统村落景观环境保护与可持续发展建设探索　半山村

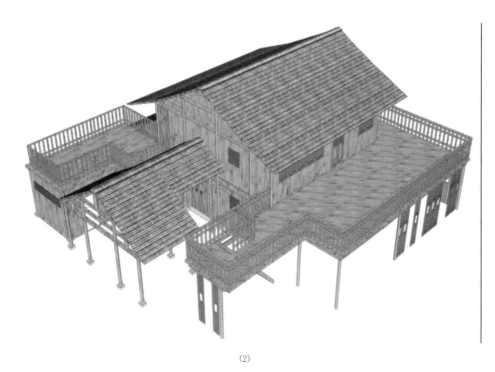

(2)

图3-4-48　半山茶楼建筑更新优化方案示意图(1-2)

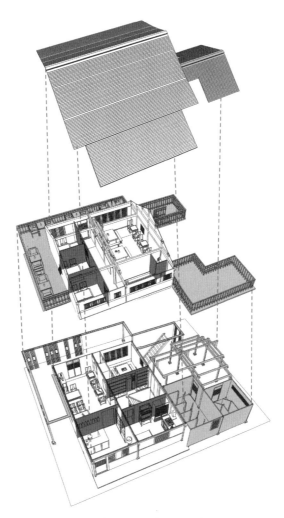

图3-4-49　半山茶楼建筑方案空间关系示意图

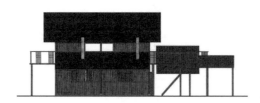

(1)北立面图

(2)东立面图

(3)南立面图

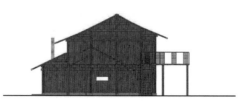

(4)西立面图

图3-4-50 半山茶楼建筑立面图(1-4)

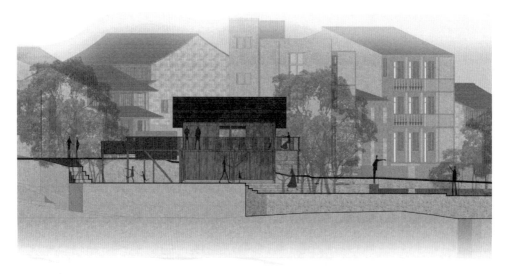

图3-4-51 半山茶楼建筑立面场景效果图

　　半山茶楼的一层空间提供了入口接待、室内饮茶、厨房备餐、展示售卖、公共卫生间等服务功能，出入口由原来的单一入口增加至三个，游客既可由村主路步入半山茶楼，也可由庭院进入茶楼。木隔墙的增减重置了建筑空间秩序，室内外饮茶区相互连通，给空间以节奏变化和弹性体验，丰富游客对乡村韵味的体验，加深隐逸山间的感受，二层则以室内外茶饮区为主，附带储物功能，游客可坐于室内欣赏半山风光，也可室外观景品茶，随意踱步切换于室内室外之间。半山茶楼建筑的更新改造方案在保护和传承乡土建筑特征与风貌的基础上，依据茶楼功能的空间场所需求进行建筑、室内和景观环境系统性的一体化设计（图 3-4-52 至图 3-4-62）。

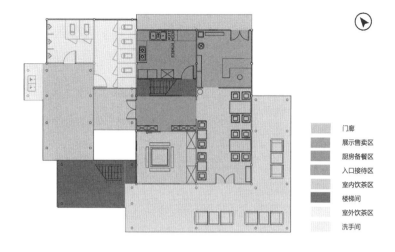

门廊
展示售卖区
厨房备餐区
入口接待区
室内饮茶区
楼梯间
室外饮茶区
洗手间

(1)一层功能分区

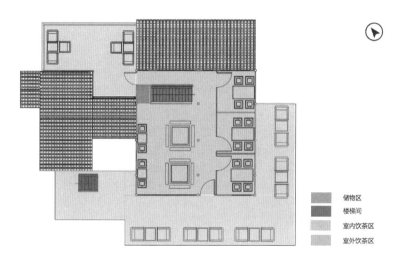

储物区
楼梯间
室内饮茶区
室外饮茶区

(2)二层功能分区

图3-4-52　半山茶楼建筑功能分区图(1-2)

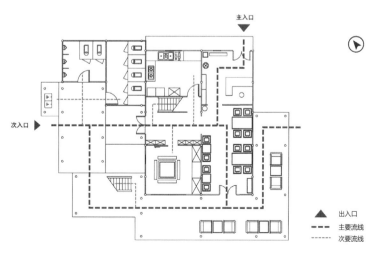

主入口

次入口

出入口
主要流线
次要流线

(1)一层交通流线

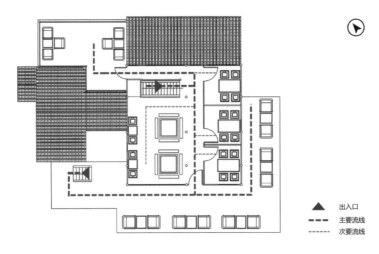

出入口

主要流线

次要流线

(2)二层交通流线

图3-4-53 半山茶楼室内交通流线图(1-2)

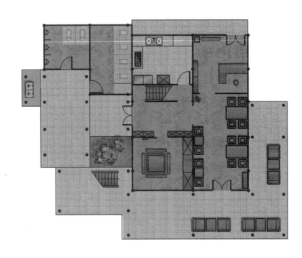

(1)一层平面图

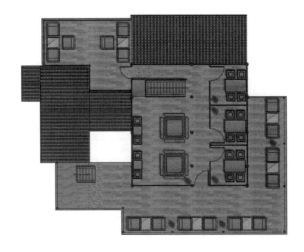

(2)二层平面图

图3-4-54 半山茶楼室内平面设计图(1-2)

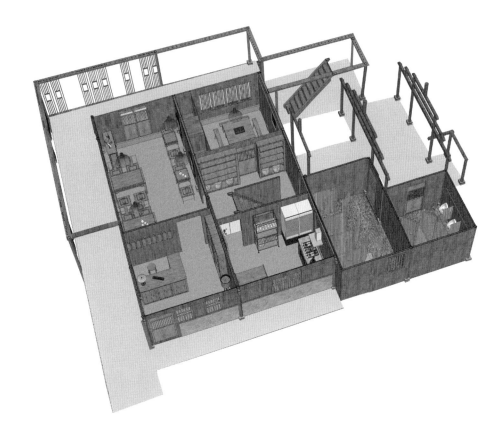

(1)一层轴测图

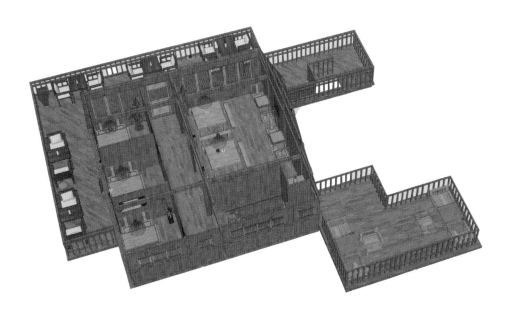

(2)二层轴测图

图3-4-55　半山茶楼室内设计轴测图(1-2)

图3-4-56　半山茶楼东立面效果图

图3-4-57　半山茶楼南立面效果图

图3-4-58　半山茶楼西立面效果图

图3-4-59 半山茶楼效果图-1

图3-4-60 半山茶楼效果图-2

图3-4-61 半山茶楼效果图-3

图 3-4-62　半山茶楼建筑更新改造设计方案鸟瞰图

4.4 半岭堂古法造纸博物馆 建筑更新设计方案

　　为弘扬传承中国传统造纸文化技艺，集中呈现半山村半岭堂古法造纸文化遗产，依据半山村乡村振兴发展规划进行半岭堂古法造纸博物馆项目建设，将利用村中废弃的半岭堂小学建筑对其进行再利用设计，改造成为展示和体验传统造纸文化的半岭堂古法造纸博物馆。这座废弃的乡村小学建筑位于村中溪流旁的古法造纸区域内，并与当地著名的黄永古道比邻。该建筑虽然已荒废多年，但建筑风貌保存相对良好，墙体以砖石结构为主，木构架屋面。建筑前区有毛石半围合的前庭，后区为杂草丛生的下沉式院落，前庭后院空间较为宽阔，整体建筑空间环境较为开敞（图3-4-63）。规划设计还将遗存至今的传统造纸作坊和造纸晾晒场地与拟改建的博物馆串联在一起，形成古法造纸博物馆、造纸作坊、黄永古道、半岭堂溪流等具有地域特色的传统文化旅游区。该建设项目能够极大地推动半山村古法造纸文化景观遗产的保护传承与乡村旅游产业的发展。

(1)　　　　　　　　　　　　(2)　　　　　　　　　　　　(3)

(4)　　　　　　　　　　　　(5)　　　　　　　　　　　　(6)

(7)　　　　　　　　　　　　(8)　　　　　　　　　　　　(9)

图3-4-63　拟改造更新利用建筑的现状(1-9)

　　半岭堂古法造纸博物馆在建筑改造上遵循有机更新原则，在保护地域性建筑特征的同时，对旧建筑进行更新与再利用，赋予旧建筑新的生机与活力。针对半岭堂小学旧建筑的改造与再利用，改变了小学校建筑原有的使用功能，按照博物馆新的功能对建筑空间布局进行调整与重组，并对原建筑结构进行加固翻修，对原建筑的门窗等部件进行优化设计，需要进一步提炼当地传统建筑式样元素，强化地域性的风貌特色，改善建筑内外空间环境，提升传统文化品质（图3-4-64至图3-4-68）。

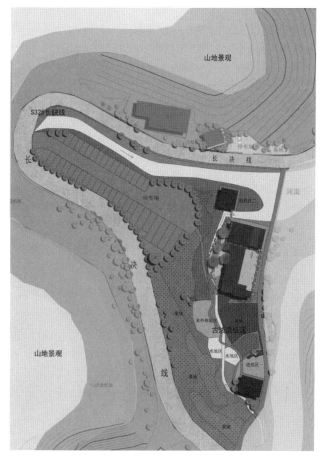

图3-4-64　半岭堂古法造纸博物馆区域总平面图

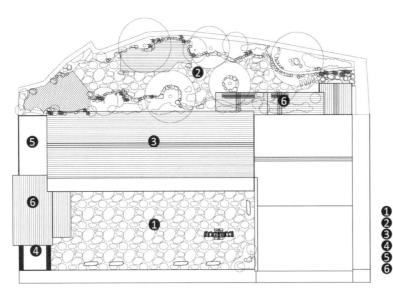

①　博物馆前院
②　博物馆后院
③　造纸博物馆建筑
④　加建卫生间
⑤　加建管理用房
⑥　加建构筑物

图3-4-65　半岭堂古法造纸博物建筑功能分区图

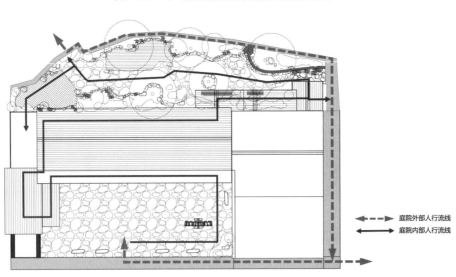

- - - ▶　庭院外部人行流线
◀━━━▶　庭院内部人行流线

图3-4-66　半岭堂古法造纸博物空间交通流线图

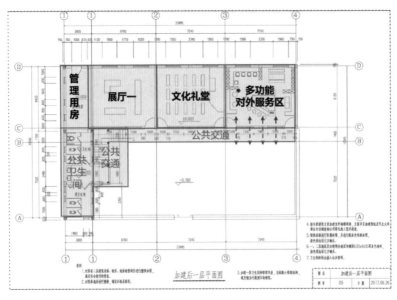

图3-4-67　半岭堂古法造纸博物馆一层平面图

中国传统村落景观环境保护与可持续发展建设探索　半山村

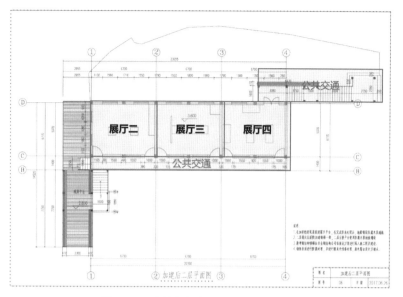

图3-4-68　半岭堂古法造纸博物馆二层平面图

　　半岭堂小学建筑已常年荒废，内部基础设施落后，功能及交通流线单一，满足不了新功能的需求。在更新改造设计上，一方面要对原建筑进行结构加固保证建筑的安全性，同时需要完善交通组织与展示空间布局，以及更新卫生间等公共服务性的功能空间；另一方面以"折纸"的形式意向在建筑屋顶和连廊棚面形成纸面弯折的效果，增强建筑的地标性。建筑前后加建钢架廊棚与楼梯，增加建筑内外交通空间的连通性，完善博物馆参观路线的组织。并在建筑二楼，增设观景平台，增强建筑空间的多样性，实现人们对整个造纸区的视觉观赏体验。遮阳棚造型提取折纸的形态元素，将前亭后廊的顶面结构形式，呼应半岭堂古法造纸博物馆的主题文化特色，加强了视觉形象的标识性效果，更具有整体性的形象特征。针对由毛石和红砖构成的建筑立面，保留老旧的历史肌理，选用竹纸色涂料做立面覆盖，使其与造纸区的整体环境和谐共融。建筑的更新改造选用部分现代的建筑材料及技术手段，实现新旧交替和彼此和谐，创造出与时代相符的乡村新空间，这样的保护与传承设计手法使老建筑旧貌换新颜，重新发挥作用，创造出与时代相符的全新乡村景观面貌[36]（图3-4-69至图3-4-75）。

　　为了满足旅游者的文化认知需求，设计布置了不同的服务空间，如文化展示空间，文化体验空间，文化休闲空间等。多元的活动空间带来不同的文化体验，当旅游者融入当地社会，进行持续体验是最快消融当地文化的一种方式。[37]为保证半岭堂古法造纸技艺得到保护与传承，古法造纸博物馆的内部空间成为承载文化的核心容器。设计方案保留了原始的建筑结构，将其空间划分为古法造纸博物馆展厅区和乡村讲堂、乡村客厅、文化礼堂等参观、体验和活动的空间，平时能够为村民提供可承接乡风民俗活动的场所。乡村客厅作为面向村民和游客的公共交流空间，成为既为游客提供便利的购物休憩场所，也为村民提供展示和销售当地土特产品的窗口。通过这些功能空间的建立，扩展了村民的乡村活动范围，增强村民的归属感与凝聚力，建立对传统造纸技艺保护和传承的认同感，激发村民弘扬乡村文化和发展乡村经济的内在动力。

(1)南立面

(2)北立面

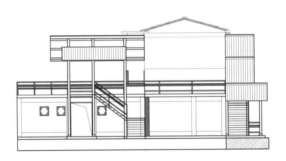

(3)东立面

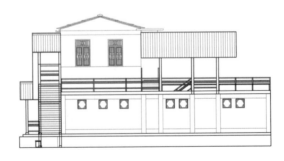

(4)西立面

图3-4-69 半岭堂古法造纸博物馆立面图(1-4)

(1)南立面

(2)北立面

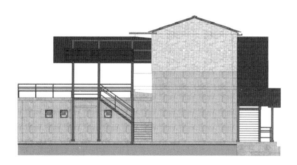

(3)东立面

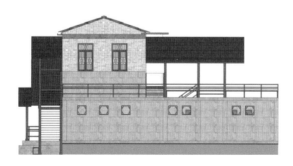

(4)西立面

图3-4-70　半岭堂古法造纸博物馆立面效果图(1-4)

图3-4-71　半岭堂古法造纸博物馆建筑效果图-1

图3-4-72　半岭堂古法造纸博物馆建筑效果图-2

图3-4-73　半岭堂古法造纸博物馆建筑效果图-3

中国传统村落景观环境保护与可持续发展建设探索　半山村

图3-4-74　半岭堂古法造纸博物馆建筑效果图-4

图3-4-75　半岭堂古法造纸博物馆建筑效果图-5

　　进行古法造纸博物馆建筑改造建设的同时，在整体区域中重要的观景点设置观景休息亭，为游人和村民提供观景平台和休息节点。观景休息亭是半岭堂古法造纸文化区域整体空间中的有机组成部分，是古法造纸博物馆建筑风貌的延伸与呼应，同时也是造纸文化与古道文化的连接点。观景休息亭设计的风格与形式，同样采用建筑改造中"折纸"符号语言的设计形式。基于场地空间整体布局与组织，将观景休息亭规划布置在场地中景观视线较好的位置，选择场地中适合观景和驻留的空间节点设立观景休息亭。一方面是建立古法造纸文化区域的整体性关系，将"折纸"概念与形式延伸到不同体量的建筑上，强化整体性和标识性的打造；另一方面是将黄永古道与古法造纸博物馆建筑建立连接关系，使两者进一步相连，增强古道文化景观与造纸文化景观的融合，通过建筑形式的系统性运用将场地空间及文化元素巧妙整合，形成点线面连接的整体性的景观环境（图3-4-76至图3-4-79）。

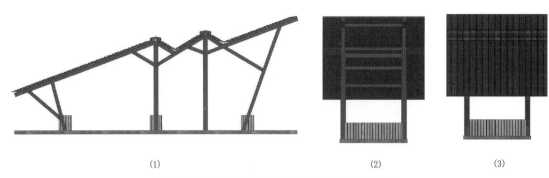

(1) (2) (3)

图 3-4-76　半岭堂古法造纸区域休息亭-1立面图(1-3)

图 3-4-77　半岭堂古法造纸区域休息亭-1效果图

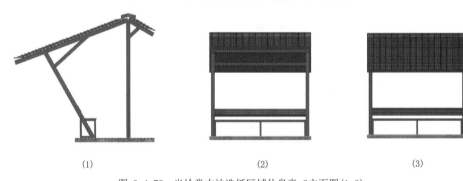

(1) (2) (3)

图 3-4-78　半岭堂古法造纸区域休息亭-2立面图(1-3)

图 3-4-79　半岭堂古法造纸区域休息亭-2效果图

黄永古道和溪旁的半岭堂古法造纸作坊是传统造纸文化的"活化石",这些作坊由于年久失修已经破败,并失去了往日的模样。为弘扬和传承半岭堂古老的传统造纸文化,有必要对造纸作坊进行保护性翻修与更新,对造纸工作场景及器具进行抢救性的整理与修复,将不符合风貌的构件与材料进行更换和拆除,使其与古法造纸文化的氛围环境相融合,原真性地恢复古法造纸作坊的传统风貌。

针对半岭堂古法造纸作坊存在年久失修影响造纸生产和文化展示的问题,更新改造方案遵循修旧如旧的设计原则,首先将两处传统造纸作坊进行修复设计,内部空间保留造纸作坊原有功能,不破坏造纸操作的流程,通过传统材料的运用,延续历史的风貌。基于当地气候环境多雨湿润,造纸作坊保留原始的石木承重结构,借用竹材形成穿斗式屋顶构架,结合新型现代材料解决屋顶漏水问题,利用当地盛产的竹材进行分解重构加工,将细竹枝捆扎做顶面覆盖,编织竹席做立面围护材料,恢复作坊原始形态面貌,为古法造纸作坊提供良好的生产展示环境,同时满足外来游客的场景体验需求(图3-4-80、图3-4-81)。

  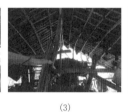 

(1)　　　　　　　(2)　　　　　　　(3)　　　　　　　(4)

图3-4-80　半岭堂古法造纸手工作坊改造前状况(1-4)

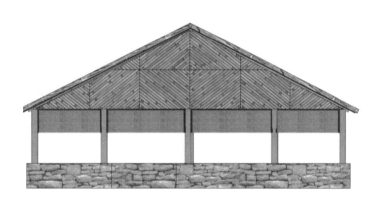

(1)北立面

(2)东立面

(3)轴测图

图 3-4-81 半岭堂古法造纸手工作坊改造方案(1-3)

半岭堂古法造纸文化区域内的手工作坊和各项造纸工艺场地结合地势、地形和水系，建筑布局多顺延坡地，沿着等高线顺势排列，结合溪流南北走向，形成了沿溪带状的场地形态布局，体现出依山就势沿溪而建，空间环境丰富多变的场地特征。经过系统性地保护和再利用开发，这片场地将成为古法造纸文化技艺生产场景展现的重要场所，这种活态传承的生产生活空间有益于旅游者更加直观地体验造纸文化的氛围，对弘扬和传承中国古老的传统造纸文化，打造半山村特色乡村旅游产品具有重要意义与价值。造纸作坊周边几个原料浸泡和纸张晾晒区也是作坊的一部分，同样需要对其周边环境进行整理，规划梳理，浸泡和晾晒区与作坊之间的参观流线进一步清晰明确，构成古法造纸文化景观区的整体环境。

半岭堂古法造纸文化展示与体验区分为古法造纸博物馆、古法造纸手工作坊、造纸生产场地环境、观景与休憩亭等部分（图3-4-82至图3-4-85）。古法造纸文化场所环境的整体性设计方案与建设指导实践工作，将有效推动半山村历史文化景观遗产的保护与传承、带动半山村乡村旅游产业和乡村振兴与发展。

图3-4-82 半岭堂古法造纸博物馆区域景观效果图-1

图3-4-83　半岭堂古法造纸博物馆区域景观效果图-2

图3-4-84　半岭堂古法造纸博物馆区域景观效果图-3

图3-4-85　半岭堂古法造纸博物馆区域鸟瞰图

4.5 半山村乡土建筑环境
    保护与更新的设计实践感悟

　　乡土建筑的营建既是人的居住需求也是对所处地域自然环境条件的适应与利用,它集结和浓缩了地域自然环境的基本属性,在乡村生活方式的形成过程中乡土建筑承载着人们的生活文化,正所谓一方水土养一方人,建筑成为展现乡村人居环境场所精神的载体。传统村落随着时代的发展,不同时期的乡土建筑由于建成年代、现存状况的不相同,使用材料与结构类型不相同,建筑的使用用途也大不相同。因此,在进行原真性乡土建筑环境保护与再利用之前,必须针对原有乡土建筑的场所结构进行深入调查和分析,了解和掌握乡土建筑的演变历程,保留建筑具有的特定历史环境,传承建筑承载的场所精神。一个有历史文化意义而又能带来历史回忆的建筑才会引起人们对蕴含其中文化的感知,进而产生认同感,从而使这一场所富有精神内涵。

4.5.1以可持续发展理念引领乡土建筑环境保护与更新

乡土建筑以它朴实、率真和生活化折射出乡村社会生活与文化的本质，乡土建筑体现的是一个复杂却又系统的整体，涉及社会、历史、文化、地理、经济、生态等多个方面，具有多学科融合与交叉的丰富性。因此，对乡土建筑环境的保护与更新工作需要依托全面完善和可持续的乡土建筑环境保护与更新理论的指导，有益于处理好保护与发展的关系，推动传统村落地域文化得以传承弘扬与可持续发展。对乡土建筑环境的保护与更新延伸出的不仅仅是其作为建筑文化的价值，更是赋予乡土文脉延续和人类文明发展的时代要求。坚持可持续发展理念就是要遵循绿色生态优先原则、整体与局部结合原则、历史性与现代性兼顾原则、保护与创新结合原则等进行乡土建筑环境保护与发展的建设。推动原真性保护、生活化利用、旅游新业态发展的乡村可持续发展建设目标的实施，实现传统村落合理的保护与有效利用。

4.5.2以"原真性"作为乡土建筑环境保护与更新的设计原则

在乡土建筑的营建中，传统营造技艺体现的乡土智慧是劳动人民的生活文化和财富，乡土建筑环境的保护与更新，需要忠于乡土建筑内在的工匠精神，挖掘当地乡土技艺的时代价值，设计师要更重视对地域文化的挖掘，要更重视乡村"原真性"的保护与利用，要更重视乡土建筑环境氛围的营造。[38]乡土建筑环境的原真性保护与再利用设计研究，将场所理论与传统村落地域文化景观理论作为理论基础，揭示了历史环境的重要价值在于其所呈现的传统文化，所包含的场所精神，框定了保护的内容及保护思路。场所理论的塑造方式及表达方法为原真性乡土建筑环境保护与更新的设计实践提供了标尺，将有效保护乡土建筑的传统风貌及文化价值。在乡土建筑环境保护与更新设计实践中需要更多地思考如何保留历史真实的建造痕迹，如何让不同建造年代的乡土建筑在乡村整体风貌内有历史真实性及个性的表达。更需要保护乡村生活的原真性，塑造生机勃勃的生活场景，为乡土建筑环境的保护与更新设计提供既突出地域性文化特征，又突出乡村生活文化活力的设计思路。

4.5.3以发展乡村旅游产业促进乡土建筑环境保护更新与再利用

发展乡村旅游为乡土建筑环境的保护与更新拓展了新的发展思路。半山村乡土建筑环境保护与更新设计实践，力求能够针对乡村旅游新业态下对乡土建筑环境保护、更新与再利用，试图探索出与地域环境共生与现代生活同构的设计方案。基于发展乡村旅游促进半山村产业转型的背景下，以乡土建筑的生存与发展为问题导向，来探寻乡土建筑"保护性"开发与避免"建设性"破坏的发展道路，将场所精神与地域文化景观理论作为理论指导，结合分析乡村旅游背景下半山村乡土建筑保护的问题与未来发展，探讨适合于半山村乡土建筑保护与更新的路径与方法，探究半山村乡土建筑环境保护与更新的规划布局，从地域文化景观中揭示乡土元素的潜在意义，通过设计的手法将场所精神具体化，探讨出一套适合于乡土建筑可操作性强的保护与更新设计的策略与方法。依托乡土建筑空间环境与乡村旅游新需求功能的契合，从生活、生产、生态三方面进行整体规划与融合，将乡土建筑作为乡村旅游新业态发展的重要载体，挖掘传统村落的地域文化特色，延伸乡土建筑在乡村旅游中的价值，让乡土建筑在新时代的乡村振兴发展建设中发挥积极的作用。[39]

第四部分

半山村视觉传达系统与传统文化展示设计

Design of visual communication system and
traditional culture exhibition of Banshan village

1 视觉传达系统
　与乡村景观环境建设

1.1 视觉与符号

　　视觉是人体各种感觉中最重要的一种，人们依靠眼睛获得87%从外界来的信息，并且75%—90%的人体活动是由视觉引起的。因此，一个良好的视觉环境设计应该能使人很容易感知周围环境的信息，并且这些信息是人的意识和自发活动所必需的，能给人方向感及安全感。[40]视觉是人与环境联系最紧密的知觉。视觉根据人们对信息的不同程度需求可分为三个层面：（1）察觉，这是最表层的视觉感知现象，主要确定对象是否存在于视野中，以接受信息为主，不需要大脑思考信息；（2）辨认，视觉感受到信息后，在大脑中对应搜索相关对象内容，努力辨别和把握事物的形和体；（3）识别，人在察觉和辨认信息的基础上，进行认知、确认，再经过大脑不同程度的信息加工思考作出相应的反应。因此，视觉的不同程度体验加深了我们对环境的认识，从而拾取相应的视觉信息转化为更深刻的认知。

　　符号可分为象征性符号和实义符号，是一切视觉传播活动的重要信息形式与载体，包括文字、图形、色彩等，这些是表达和传播信息不可或缺的基本要素，成为人识别和认知信息的对象。符号信息通过人的视觉感受，经过生理和心理的共同作用，致使人的认知和思维产生反应。在传播活动中除了语言符号，非语言符号是人们与外界进行交流的重要形式。信息通过视觉符号进行表达和传递，符号和意义分别是信息传递的外在形式和精神内涵。符号的挖掘必须根植于地域核心文化的特色，通过造型、色彩和材质等最质朴和最真实的非语言符号提取，从设计角度运用符号进行社会信息的交流。符号是人类文化传播的重要视觉要素，是信息的感性表征，是传递信息的形式语言。在视觉环境中，符号具有指代功能、表义功能、认识功能及交流功能。在具体应用中，符号可以分为语言符号和非语言符号，语言符号是我们日常交流言语的口头发音和文字书写，而非语言符号则更具有抽象性，如同一个人的外貌与衣着、表情与眼神、姿态动作、触摸行为等等。乡村视觉环境中的信息传播主要研究语言及非语言符号在视觉环境中的应用设计，视觉传播可以作为乡村人文景观视觉环境被认知的重要方式。

1.2 视觉识别系统（VI）与景观环境

　　视觉识别系统（Visual Identity）简称VI，是视觉传达设计的重要表现形式，也是景观环境设计的重要组成部分。VI设计不但能传达特定的信息，而且能营造环境的视觉氛围，达到系统性环境营造的效果。VI作为系统性的视觉设计，在品牌打造、氛围营造及文化传播方面是不可或缺的重要部分。视觉识别系统(VI)在乡村景观环境设计中有较大的应用与拓展空间，在乡村环境建设中运用视觉识别的设计思路并具体应用，能更好地美化乡村视觉环境。在乡村旅游发展的背景下，乡村视觉环境需要从旅游景观的角度进行整体打造，视觉传达识别系统（VI）设计结合乡村景观环境建设，将会改变乡村普遍存在的杂乱无序等视觉污染问题。VI设计是成熟的应用系统设计体系，具有较强的识别性、统一性、引导性的特点，能高度概括乡村地域文化特性，并通过VI设计的方法和形式进行视觉传播、识别与引导。针对半山村视觉环境的现状问题，结合乡村旅游景观环境的整体性建设，从视觉传达识别系统（VI）在乡村环境中应用设计的角度，探索VI设计在乡村环境营造中的意义和作用，并以半山村设计实践为例，进行基于乡村旅游景观营建的视觉识别系统设计实践研究与探索，以此在整体性、形象性方面提升乡村视觉景观环境品质。同时，拓展VI设计与乡村景观环境设计应用领域相结合，积累经验和探索设计思路与方法，丰富环境设计的内容与形式。[41]

环境是人类进行传播活动的"场所"和"容器"，传播活动在其中"表演"，同时也在其中存放和发展，环境对传播起着维护和保证的作用。[42]信息传播具有目的性、社会性及互动性等特点。在一个设计系统完善的环境，能使人们很容易地感知到环境中的信息，而这些信息是人们的意识和自发的活动所必需的。所以说视觉环境是对于围绕在人周围的物质存在，并由视觉激发产生生理、心理和社会意识的总和。在我们日常观察周围环境的过程中，首先感知的是一个整体环境并调动我们身体的各个器官感受周围的环境特性，其中视觉是最为全面及最快速的感知方式。从环境设计整体性角度出发，视觉传达设计结合了景观环境、建筑环境和室内环境的视觉要素，是构成整体环境设计的有机组成部分。

1.3 VI设计在乡村视觉环境中的意义和作用

乡村环境中具有信息传播和引导功能意义的VI视觉识别系统设计，是在实现识别与传达信息功能需要的前提下，充分与自然环境、空间氛围相结合，提升乡村视觉环境品质，使游客获得信息的同时得到视觉、心理愉悦感。VI设计对推动乡村环境建设与发展有以下几点作用：

（1）提升乡村整体视觉形象，助推乡村旅游业发展

乡村VI视觉环境设计通过体系化设计来提升乡村整体视觉环境，从VI的基础系统设计到应用系统设计，从标志设计到乡村形象提升，从乡村整体自然环境到游客的空间体验，全方位提升乡村视觉形象。在保持乡村本土视觉风貌基础上，活化乡村视觉整体环境，潜移默化地提升游客在视觉层面、空间层面的高品质体验，从而促进乡村旅游产业的发展。

（2）发掘乡村人文历史，增强乡村文化独特的感知力

乡村人文历史是乡村精神承载的非物质文化，中国社会从农耕文化发展而来，本质上是乡土性社会的文化展现。乡土社会生根于乡村土壤，乡村人文历史是维系村

民的精神纽带，并存在于每一位村民心中，而对外来游客则是乡村文化的感知力体现。目前乡村正受到城市化发展的冲击，青年劳动力流失，乡村空置化现象普遍，生态乡村正在被破坏。乡村与城市应该互补并共同发展，乡村为城市提供健康自由的休闲驿站，城市是带动乡村发展的动力。因此，我们应该避免城市化对乡村的冲击，强调乡村性人文历史的感知力，使乡村具有持续发展的活力。城市与乡村正是在交互发展中互相交融，形成一个良好的互补平衡状态。

（3）建设乡村高品质视觉景观环境，打造乡村美好形象

我国乡村尚处在欠发达的状态，近些年在发展乡村旅游的新要求下，一些村庄需要借助专业设计师打造满足新时代乡村旅游信息传达服务需求的新项目。虽然乡村环境和村民之间的关系紧密，村民在心中都有自己的"村庄地图"以及形象认知。但是，乡村旅游带来大量游客涌入村庄，需要为他们提供乡村文化信息传达和视觉导引服务。打造乡村视觉识别系统，一方面能美化乡村环境，提升村民的生活品质；另一方面能够提升乡村整体视觉形象，服务游客的旅游体验。对发展乡村旅游产业，有效增加村民收益，为乡村带来文化与经济效益，促进乡村可持续发展，实现乡村振兴发挥不可替代的作用。

1.4 乡村环境中视觉信息传达方面的现状问题与分析

（1）乡村整体环境的视觉感知力较低

场所是环境的具体体现，乡村环境具有独特的乡村性场所特征和精神。场所的意义是由具有物质的本质、形态、质感及颜色的具体的物所组成的一个整体，具有特殊的方向感及认同感。[43]对乡土文化的认同感和归属感造就了乡村的场所精神。乡村场所是其文化内容的具体展现，例如乡村道路、建筑格局、自然地景等。乡村场所精神主导着乡村的整体形象，建筑形制、人文活动等，这些都是场所精神的外在表现。乡村整体环境的视觉感知就是对其内在乡村场所精神的感知，是内在精神的展现。若缺少了视觉感知力，则会导致乡村内在精神缺失。当今时代由于乡村的发展相对滞后和不均衡，盲目建设导致大量具有历史文化价值的传统村落原貌被毁坏，并衍生出众多与环境不和谐的相关问题，大量带着商业气息和形式低俗的视觉信息传达方式影响和损害了乡村原本的形象，失去了乡村朴实、淡雅和清新的面貌。

（2）乡村性的视觉传达元素缺少发掘和整合

乡村是依附于自然并在自然环境中发展形成的，具有深厚的自然属性。乡村与自然环境紧密结合，将自然中的元素融入乡村环境，成为乡村视觉形象的组成部分。但是，目前一些乡村在环境建设中，很少考虑从自然中寻找视觉传达设计的元素，人为地忽略了对村落与自然环境关系的尊重，造成村落环境建设中与自然的脱节，失去了乡村特有的真实性与个性。乡村中的人文环境包括物质和非物质两个方面，并由静态和动态的元素体现。人的视觉感受是通过生理和心理相互配合，并在人的认知和思维过程中产生整体感受的反应。应该将这些静态和动态的乡村人文视觉元

素与人的生理和心理体验结合，并以符合乡村特质的整合方式展现乡村视觉文化环境，体现乡村人文底蕴和特色。

（3）缺乏运用视觉传达方法的意识和视觉传播体系构建

一直生活在传统乡村环境中的当地居民对乡村环境熟悉，并且已适应赖以生活的环境，缺乏对乡村信息进行视觉传达方面改造的强烈需求。所以，多数村庄在环境建设中极少进行视觉识别与传达系统设计与应用。随着乡村旅游的发展，越来越多的游客选择到乡村参观或旅游体验。在复杂的乡村环境中，视觉环境不具有可识别性，对陌生的环境、景点如果没有文字图形符号等信息的视觉传播媒介引导介绍，就会产生认识模糊及不确定性，游客很容易迷失方向，并存在安全隐患。因此，必须通过相应的视觉识别系统来寻找方位感及安全感。乡村视觉传达设计和具体应用是发展乡村旅游、满足游客出行引导，以及了解乡村文化的基本途径与方法。要强化对乡村信息进行视觉传达的意识、构建视觉传播体系，这项工作是新时期乡村建设和发展乡村旅游的一项重要内容。

1.5 视觉传播要素与符号的构建方法

环境中的视觉信息传播是指运用视觉识别系统的方法与形式，将需要传达的信息通过视觉的渠道使受众接收到。视觉传播的三大基本要素是图形、文字和色彩，这些基本要素经由设计师结合传播主题内容的创意设计，形成所要传达信息的视觉符号，这个特定的视觉符号包含着具体的传播信息，正是这个在环境中宜于受众识别和认知的符号，直观地传达出符号所具有的信息内容。视觉传播基本要素的图形、文字和色彩以各自特有属性的表达方式与形式，展现出相应的主题信息。这需要专业设计师针对具体的传播内容与受众对象，运用视觉传达设计的方法，设计出传达相应信息的符号系统，以此实现信息传播的目的。

乡村的视觉传播要素与符号也需要将图形、文字和色彩三方面结合当地的物质与非物质文化资源从自然与人文两方面挖掘与提炼。例如，能够形成半山村具有代表性的视觉识别系统的传播要素与符号具体内容，在"图形"元素方面，要从当地独具特色的山石、溪流、植物等自然形态，从乡土建筑、黄永古道、石桥、古法造纸，以及众多历史古迹和生产与生活方式等人文形态中提取当地具有代表性的形态图形；在"文字"元素方面，结合乡村环境建设、文化建设和乡村旅游服务等方面信息传播的主题，提炼、组织和概括出直接、明确、易懂的表述文字，以文字呈现的方式传达有关交通引导、警示提示、处所标注、内容说明、文化展示、产品介绍和宣传教育等相关主题的信息内容，文字传播是最直接的信息识别与传达途径；在"色彩"元素方面，结合半山村特有的自然与人文资源，从半山村的自然环境色彩和人文环境的色彩中提取、归纳出优美和谐，丰富有序，独具地域特点的色彩构成图谱，并进行色彩系统梳理，分析归纳，运用色彩构成的方法概括与提炼出具有代表性，系统、协调和丰富的色彩体系，为视觉识别系统的色彩设计提供支撑。总之，要结合当地自然与人文资源在图形、文字和色彩三方面，建构具有地域特征的视觉传播符号体系，要能够使受众直观和明确地理解与感受到乡村文化的具体信息内容，利用符号化的视觉语言是最为直接的传播形式，这些是实现乡村视觉识别系统设计与应用的基础。

1.6 乡村VI与应用设计的原则

视觉识别系统（Visual Identity）简称VI，乡村视觉识别系统可以简称为"乡村VI"，它是针对乡村环境建设和基于乡村旅游发展需求而衍生出的视觉识别系统。乡村VI与应用设计应遵循以下四点原则：

（1）环境视觉的识别性原则

信息表达清晰、简洁，有较强的识别性。在复杂的乡村环境中，如果视觉环境不具有可识别性，就会产生视觉模糊及不确定性。因此，需要具备高识别性的乡村视觉导视系统给予受众方向感及安全感。识别性即用文字或图形符号等形式使人能快速辨别并能正确理解传达的信息，是乡村视觉识别系统设计的核心目的。视觉元素的设计应该清晰明了、简洁易懂，同时与视觉环境形成有效的信息传播链。

（2）设计元素的统一性原则

设计语言具有整体统一性。乡村视觉识别系统设计的最终目的不只是为了信息传达，也包括通过视觉识别系统设计中不同视觉元素的组合搭配塑造完整和有特色的乡村视觉形象，追求视觉形式上的统一性。乡村视觉环境是视觉识别系统设计应用的主体，乡村视觉环境系统具有引导和提升视觉环境品质的作用，两者相辅相成、相得益彰。因此设计必须找到视觉识别系统与视觉环境的契合点，这样才能使两者互相促进，创造和谐统一的视觉环境。

（3）信息传播的可供性原则

以人为本，具有环境可供性。"设计的目的是人而不是产品"。[44] 在陌生复杂的视觉环境中要获取特定的信息，必须依靠有效的导视系统提示和引导人的感知。乡村视觉识别系统设计正是为人传递和提供有效的信息线索，使人依托于这些信息在环境中寻找到目标，形成受众需要的信息，给予方向感和安全感。

（4）人文景观的地域性原则

结合地域文化特色，体现文化性。乡村聚落的特色风貌和民风习俗是地域历史文化脉络、传承乡土记忆和"留住乡愁"的重要途径。[45] 地域文化是人文环境的根本特性，乡村视觉识别系统设计需要充分挖掘当地的地域传统文化，在设计过程中保持乡村当地朴实、自然的生态与建筑文化环境，有机融入视觉元素与符号，设计出能与当地自然与人文环境相和谐，具有地域特征的视觉识别应用系统。

2 半山村视觉传达系统设计实践

2.1 半山村视觉识别系统（VI）设计

2.1.1基本系统设计

半山村视觉识别系统（VI）以规范化的基本系统设计为基础，结合专项应用系统设计，以此传播乡村信息和展现乡村整体性的视觉文化面貌，进一步提升乡村景观环境品质，旨在打造良好的乡村视觉形象（图4-2-1）。半山村VI系统的基本系统设计主要包括标志、色彩、文字、辅助图形四方面的规范设计内容，是视觉传达应用系统设计的基础和依据。

基本系统设计的元素构成来自于对当地自然与人文因素的挖掘、提炼和概括，是对乡村中具有地域性和文化性特征的视觉艺术形式内容的综合运用与表达。半山村视觉传达基本系统设计结合实地调研、资料收集、对比分析等研究工作，以及遵循乡村规划确立的乡村发展主题定位，形成以乡村休闲旅游和生态居住为发展方向，挖掘"隐逸半山"特色品牌，建设以古道和古法造纸文化为底蕴，以自然山水、谷地花海和竹海为特点，以生态休闲为主要旅游特色的山地型传统村落，打造"隐""逸"结合、独具空间特色和文化特色的魅力乡村，以此为目标挖掘视觉传达设计元素，创作出独具半山村形象特征的视觉传达系统。半山村视觉传达基本系统设计的整体思路是取"竹"之形，传虚心傲骨之精神；取"花"之色，养中正儒雅之风气，有效契合半山村打造"梨花胜境，隐逸半山"的主题定位。

（1）标志设计

半山村四面环山，重重叠叠，竹子漫山遍野，郁郁葱葱，清雅幽静，为视觉传达基本系统的图形设计带来创作的灵感，方案选择乡村自然环境中的竹子作为设计元素进行图形设计。标志具有识别和导视性作用，在设计中调和与对比的运用是最具有普遍性的形式美法则，对比在视觉上可以造成强烈的视觉刺激，产生一定的紧张感和快感，但是构成要素之间更需要调和来构成有机的整体，以达到更高层次的美感。[46]半山村的标志设计是提取具有地域性环境特征的竹子为形象元素，"竹"的意向象征清幽、傲骨的节气。以文字结合竹节的结构作为标志的形式设计语言，将文字"半山"与图形"竹"两者相结合进行组合设计。标志中的水平线和垂直线交叉结合，营造出稳定、平衡的视觉形式感。运用格式塔心理学的完形效应，以一个不完全闭合的圆形组成图形，在人的视觉直观感受中仍然感受到一个完整的图形，达到视觉自动修复的图示效果，形成清爽简洁和具有灵动性的标志形态。标志提取与半山村自然环境色调对比的"印泥"暗红色作为标准色，突出标志的可识别性，象征半山村传统乡村文化的儒雅特色。最终通过规范的制图，形成标准、精确和模数化的图形，创作出具有较强识别性和半山村地域特色的标志（图4-2-2）。

（2）标准色彩和标准字体设计

半山村地处高山丛林中，四周青山连绵，周围视觉环境以生机盎然的冷色调绿色为主，点缀其中的红、橙、黄等暖色花卉，形成相互衬托与和谐的风景画面，这些景象和元素为视觉传达基本系统的色彩配置与运用提供了创意设计的思路与方向。在半山村视觉识别系统的色彩设计方面，将基本系统设计主标准色确定为深红色、白色和黑色。由于处于高山山谷地带的半山村拥有丰富的高山特产及民俗产品，可以从中提取出基本系统设计的辅助色，这些颜色分别为土绿、翠绿、藤黄及茶红四种，它们形成不同色相的明度变化色谱，按使用规范用于多样和丰富的乡村视觉传达设计中的实际应用，满足各种产品和环境类型属性的要求（图4-2-3）。标准字设计采用书法字体和黑体字两种，可分别用在不同的传播载体和环境中，满足多种功能和内容的需求（图4-2-4）。

半山村的标志采用了具有中国传统文化意味的深红色为主色，黑、白为辅助色的组合式标准色。主色沉稳，饱和度高，并设计成翻转勾线的效果。深红色与乡村环境中的自然绿色构成对比性的补色关系，体现万绿丛中一点红的乡村意境，在环境及各色产品应用中将会形成协调的融合关系，半山村视觉识别系统的主色和辅助色将运用在视觉传达设计的基本系统设计和应用系统设计中，有效发挥色彩在视觉传达中的特殊性作用。

(3) 辅助图形设计

基本系统设计内容中的辅助图形设计沿用"竹"的元素，增强标志和辅助图形的识别性与内在联系，采用"竹叶"和"竹枝"作为形式设计语言，运用形式美法则将其图形简化，运用重复、错位、叠加、对称、平衡等手法进行辅助图形多样化灵活的组合设计。形态这种固定单位的元素按一定规则反复有秩序、有规律地变化可产生节奏与韵律的视觉美感。[47]使简单的辅助图形在具体的应用中体现出丰富的多样性（图4-2-5）。

图示语言设计的形式和色彩强调与环境和应用载体的整体关系和视觉效果，达到既调和又有对比性的图底关系。在基本系统设计规范的基础上，乡村标志、色彩、字体和辅助图形的综合应用，需要具体结合场所中的色彩、形式、材质以及多种组合应用方式等，并落实在实体的环境中，将其与乡村视觉环境、乡村特色产品结合，形成具有完整、高效的视觉传播系统，使乡村形象传播成为乡村环境及实现经济发展的一部分，从而推动乡村视觉环境整体提升和乡村振兴发展。人们通过乡村环境中的视觉符号，了解和认知相关信息，乡村视觉识别系统（VI）是必要的信息传播手段，它除了提供方位感等导视功能，还能使人具有安全感，同时也是乡村精神文化的传播方式，起到营造乡村特色文化氛围的作用。

图4-2-1 半山村VI设计手册

(1)标志网格图

(2)标志色彩稿

(3)标志线稿

(4)标志黑白稿

图4-2-2 半山村标志设计方案(1-4)

37-97-100-3
180-37-33

0-0-0-0
255-255-255

93-88-89-80
0-0-0

(1)标准色

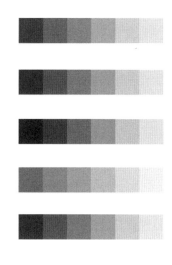

(2)辅助色

图4-2-3　标准色、辅助色(1-2)

图4-2-4　规范字示例

(1)辅助图形

(2)应用示例

图 4-2-5　标志及辅助图形设计示例(1-2)

2.1.2 应用系统设计

半山村 VI 应用系统设计是依据基本系统设计，结合半山村不同环境和载体使用需求的具体应用设计。遵照半山村的整体定位和发展目标，将应用设计部分分为乡村办公应用系列、乡村环境应用系列和乡村产品应用系列三大部分。

（1）乡村办公应用系列

乡村办公应用系列主要是为半山村村民委员会办公和对外交流与服务提供全方位的形象识别设计，具体内容主要包括名片、信封、信纸、便笺、文件袋、来宾证、邀请函、旗帜、公告栏、网页、纸杯、手提袋、雨伞、大巴车等具有实用性的对外办公应用项目，乡村办公应用系列使半山村 VI 系统融入村镇服务体系中，展现出正式、简洁、大气和整体性的形式面貌，以此实现半山村视觉形象的有效传播（图 4-2-6）。

（2）乡村环境应用系列

视觉识别系统的乡村环境应用系列结合村落公共环境建设需求，助力打造半山村视觉环境的重点设计区块。环境应用系列分为室外公共环境应用、建筑室内环境应用和公共活动应用三大部分。涉及从大的环境区块到小的建筑单体应用，从静态的常态应用到动态的活动应用，全方位系统地打造半山村环境的视觉形象。

通常情况下，游人在不熟悉的乡村环境中如果没有视觉导引，便会难以获得准确的交通信息，并且缺少方向感及安全感。因此，乡村导示牌和介绍牌是乡村环境中视觉信息传播的重要形式。环境中的方位信息引导需要有较强识别性的导示牌，在主干道及重要交叉口设立主要景点或建筑的导示牌，导示牌风格要结合半山村乡村视觉环境设计，标志、标准字体和色彩做到统一规范。对于乡村特色传统文化的传播内容，则需要使用易读性的文字信息，使游人在阅读中了解文化信息的内容。与导示牌相对应的景点介绍牌，则是以语言文字符号传播相关的信息，用于介绍具体景点的文化故事，传递传统文化知识，使游客更为了解半山村所具有的特色文化内容。

乡村 VI 系统在室外公共环境中的应用是半山村视觉形象传播的主体部分，包括半山村形象地标、景点介绍牌、村庄导向牌、宣传牌、卫生间和垃圾桶等公共卫生服务识别牌等（图 4-2-7），这些完善了半山村的基础设施导识，有效提升村庄的整体视觉形象，展现出半山村的人文历史文化信息，使乡村旅游的视觉感染力增强，为乡村游客提供更好的服务感受体验；村中公共建筑环境应用分为四个建筑区块：半山村游客服务中心、半山村产学研基地、半山茶楼和半山青年旅舍等旅游服务建筑的 VI 应用设计，在结合半山村上位规划的基础上，分别从"游、学、品、住"四个方面打造半山文化旅游承载点，系统塑造半山村旅游文化环境的视觉形象，有助于整体带动乡村文化活力的提升（图 4-2-8）；公共活动应用是半山村最具活力并能快速带给游客乡村视觉印象的应用。结合半山村具有影响力和知名度的半山梨花节活动，通过系统性的视觉传达设计展现乡村特色文化活动的魅力，向游客呈现半山村特色文化视觉印象，引导和带动游客在旅游体验中感受具有地域性特征的乡村文化（图 4-2-9）。

（3）乡村产品应用系列

传统村落半山村在漫长的发展形成中，基于特定的生活环境条件，村民用当地多样的农产品加工出丰富的特色美食，以及手工艺制品。半山村相对海拔较高，高山蔬菜等农作物是特色农业产品，当地的美食也别具特色。在各类具有当地特点的产品中主要针对农副产品进行包装和突出品牌展现的设计。以乡村传统特色风味产品形象设计，带动乡村视觉形象的传播，形成统一规范的半山村乡村产品传播形象。设计包括饮食产品类、乡村器物类等系列产品的包装设计，以此示范性地引领乡村产品的营销。例如半山村高山蔬菜、半山茶叶、红糖、鸡蛋、笃笃糕、柴叶豆腐、番薯面、黄泥曲酒、松花麻糍等，同时还有草编、竹编等传统技艺的手工制品。半山村的乡村产品系列应用设计，将能够带动乡村产业发展，助力乡村经济振兴（图4-2-10）。

(1) 名片尺寸图

(2) 信封

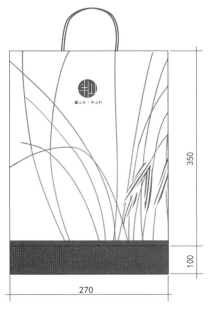

(3) 手提袋尺寸图

(4) 来宾证

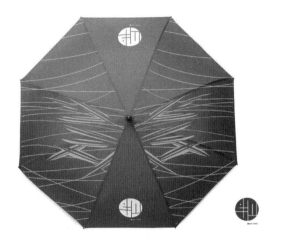

(5)半山伞   (6)大巴车

(7)旗帜   (8)交互界面

图4-2-6　半山村办公应用系列设计方案(1-8)

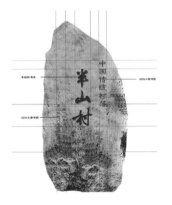

(1)

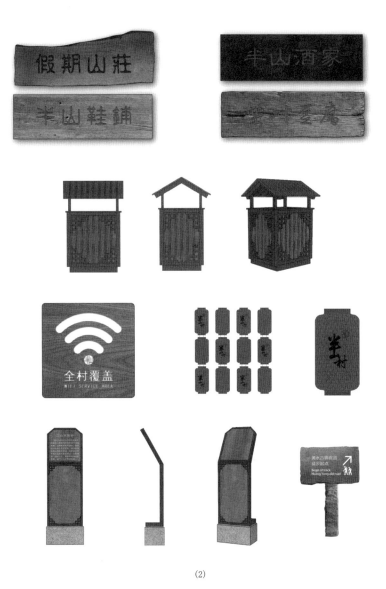

(2)

图4-2-7　室外公共环境应用系列设计方案(1-2)

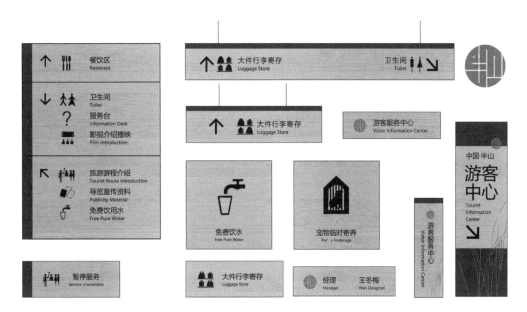

(1)游客中心导引牌

(2) 产学研基地标识牌

(3) 半山茶楼应用系列

图4-2-8　室内公共环境应用系列设计方案(1-3)

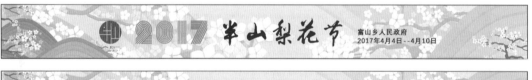

0.8*8m

(1)

(2)

图4-2-9　半山村公共活动系列设计方案(1-2)

(1)

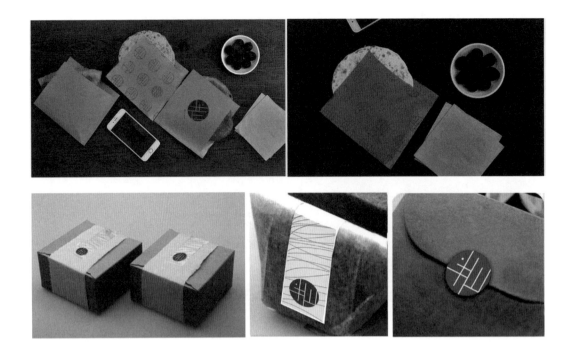

(2)

(3)

(4)

图4-2-10　乡村产品应用系列设计方案(1-4)

2.2 半岭堂古法造纸文化体验区 VI系统设计

半岭堂造纸技艺相传自唐宋时期至今已有千年，造纸作坊因地制宜沿溪而建，当地村民利用山上丰富的竹资源生产玉版纸、藤纸、千张纸，并通过黄永古道向外运送，一直以来造纸是乡村经济收入的主要来源之一。半岭堂古法造纸技艺负有盛名，是当地重要的非物质文化遗产和人文景观。村里的造纸作坊等文化遗产是重要的视觉要素资源，这些为发展半山村的乡村旅游产业提供了具有地域性人文特点的体验载体。结合文化传播和视觉识别要素中的符号化形式提炼，可对古法造纸生产的整体环境进行系统性的视觉环境设计，包括造纸生产作业和游人参观体验活动的周边环境导引系统、基本公共设施及产品包装等，以整体性的视觉识别形象向外传播乡村的古法造纸文化，形成从环境到产品的系统性视觉符号体系，以此增强视觉传播活力，打造整体视觉形象，使半岭堂古法造纸文化传播形式多元化和系统化。

2.2.1 半岭堂古法造纸文化传播的导视系统建立

半岭堂古法造纸文化传播的导视系统建立就是将传统的造纸文化转换成视觉符号实现文化信息的识别与传播，其中的重要元素是体现造纸文化主题的标志设计。半岭堂古法造纸文化遗产的标志设计思路是借助"纸"字的文字图形，以千张纸层层叠叠的摆放形式为意向，构成体现古法造纸技艺中垒叠的特征，受造纸流程中的錾纸工艺的启发，结合錾纸的工艺特点将錾纸符号化，提炼标志设计元素进行形式语言的重组，将"纸"的文字进行拆解组合，以"正方体"的外形边框与"纸"字巧妙组合，并运用完形心理学的视觉效应使二维的标志图形产生三维立体效果，创作出具有古法造纸形式意向的标志图形，传达出造纸博物馆创新、活力的概念。在标志图形组合中，采用线条具有相似性的方正细俊黑简体的文字，与图形线条融合统一。为了凸显标志的识别性及在环境中的视觉导视作用，提取竹纸的原色土黄色作为标准色，增强标志的可识别性，形成半岭堂古法造纸文化的标志。标志的整体形象体现了尊重传统造纸文化的内涵，象征对古法造纸文化的传承与创新，将其结合环境设计能够起到提供空间主题界定、点景、转换时空场所，以至于成为地标的作用。结合乡村中的环境色，以对比、融合的洋红色和造纸原料苦竹的绿色作为标志应用的辅助色，丰富标志在室内外环境及产品中的应用。利用规范标准的视觉环境系统，将半岭堂古法造纸博物馆建筑、景观休息亭、造纸作坊以及黄永古道等形成整体、规范、统一，具有当地特色的视觉环境（图4-2-11至图4-2-14）。

(1)标志

(2)创意示意图

图4-2-11　古法造纸体验区标志设计(1-2)

C-Y-M-K：23-47-95-0
R-G-B：211-150-25

C-Y-M-K：0-0-0-0
R-G-B：255-255-255

C-Y-M-K：93-88-89-80
R-G-B：0-20-0

(1)标准色

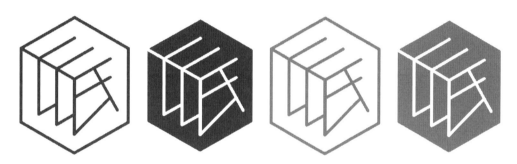

(2)标准色使用示例

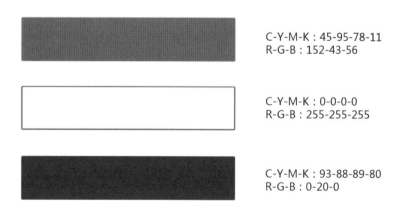

C-Y-M-K：45-95-78-11
R-G-B：152-43-56

C-Y-M-K：0-0-0-0
R-G-B：255-255-255

C-Y-M-K：93-88-89-80
R-G-B：0-20-0

(3)辅助色

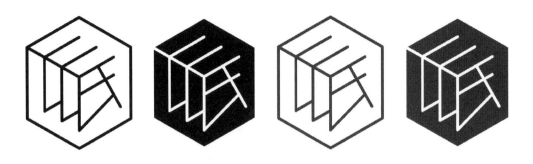

(4)辅助色使用示例

| | 80% | 60% | 40% | 20% |

(5)明度变化示例

图4-2-12　古法造纸体验区色彩设计(1-5)

(1)

(2)

图4-2-13　标志与标准字组合设计(1-2)

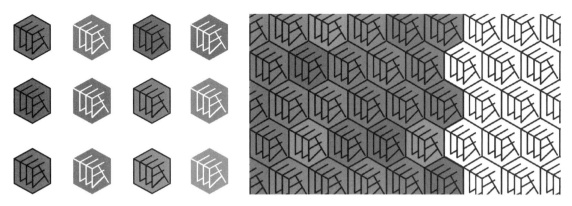

图4-2-14　辅助图形设计

　　古法造纸文化体验区标志作为高度概括和抽象的符号，可运用于基础设施、导视牌、介绍牌等视觉导视设施中，由此形成半岭堂造纸文化区独特的视觉景观。导视系统的识别与引导作用使得游人在场所中的体验行为与目的更加有序和便捷，更有助于半岭堂造纸文化的有效传播。基于凸显地域性自然环境与当地文化传承的内在关联性，基础设施及导视设施的设计除了运用标志符号延续造纸文化特色外，其造型和材质的选择也是构成乡村文化景观形象的有机组成部分。半岭堂造纸文化区的导视设施运用自然锈蚀的钢板为主材，选用当地毛石做基底材料，形成体现传统与现代融合的景观环境氛围。

2.2.2通过符号化的导视系统实现信息传递

　　半岭堂古法造纸文化体验区由于整体区块面积较大，同时由博物馆建筑、古道、景观亭、手工作坊和造纸生产物料场地，以及自然区块中的河流、山石与植物等环境因素组成，场地环境的关系较为复杂，游客在此需要了解和接受的信息也较多，因此需要有环境导示牌及介绍牌来指引参观路线以及传达古道文化与造纸文化的内容。视觉识别系统设计从古法造纸博物馆改造设计的理念与思路进行延伸，在导示与介绍牌的设计元素中沿用对比的手法，运用当地石材与钢板结合，继续沿用"折纸"的形式元素进行设计。导视牌信息强调要有较强的引导性和识别性，依据游客参观和体验的路径，在造纸博物馆与黄永古道交汇处以及其他重要的节点处，设立采用毛糙的山石作为支柱，以"折纸"的形态将钢板折弯固定在立柱上，并用钢板镂空刻出相应的导引和指示内容以及景点名称与介绍。这些导示设施的设置，一方面传递景点的引导信息；另一方面在乡村环境中成为体现清新和时尚的景观造景元素。场地环境中的导视系统设施运用与建筑主题相统一的形式、材料和色彩等元素进行设计与建造，构成造纸文化的整体性形象展现，这些设施也是串联整体视觉环境的媒介与载体，与体验区内的古道、博物馆建筑、造纸作坊以及景观亭呈散落式分布，提供给游客有序和人性化的关爱与呵护。环境导视系统在场地中为游人规划的参观路线，将每一个重要文化体验点有序串联，并通过古法造纸文化形象标志及其应用系统进行专业化的设计，规范导视形式和信息传播，使区域内的景观环境形成整体统一的文化景观综合体[48]（图4-2-15）。

　　文化是通过符号而获得，并通过符号而传播的行为模型。[49]导视系统作为文化景观的视觉语言，是推动文化传播的有效方式。基于半岭堂古法造纸文化的传播和推动乡村旅游产业的发展需求，在半岭堂古法造纸文化旅游景观体验区，需要设置传递造纸文化信息的视觉语言符号，使游客能够快速有效地识别并感受半岭堂造纸文化的体验内容。古法造纸文化景观遗产展示区的导视主题和形象通过标志作为纸文化传播的图示符号，运用于展示区场所导视系统设计中，形成半岭堂古法造纸文化区由"点"及"线"的视觉引导效果，实现半岭堂古法造纸物质文化景观遗产整体保护与传播的视觉形象系统建构。

乡村文化景观在营造场所氛围时，视觉性的符号往往是一种承载信息的外在形式，通过文化景观环境的色彩、造型、材质等选择、提炼和整合，形成贯穿场所的整体关系。根据半岭堂造纸文化区视觉形象传达系统设计内容在场所环境中的实践应用，使视觉传达形象符号体现在路灯、导向牌、场地介绍牌、分布图和服务设施等导视系统及场所构筑方面。乡村VI设计是视觉形象系统传达表现的专业性设计途径，具有较为完善的设计体系，与乡村旅游景观环境建设相结合，将VI的设计模式应用于乡村视觉环境设计中是一次探索性应用实践。以系统性视觉设计的方式整体打造乡村视觉环境，从导引系统到节点建筑视觉规范，从静态的形象展现到结合半山村的特色节日活动及动态展示，从视觉环境延伸到乡村农副产品包装设计，全面涵盖半山村的整体视觉传达领域，为乡村旅游环境营建进行了有益的实践探索。环境设计通过VI设计拓展乡村视觉环境的微观设计领域，完善乡村环境的整体性建设，把乡村发展设计与建设工作向更精准、更全面和更微观的领域延伸，满足村民和乡村旅游者对视觉、空间体验的众多诉求，提升乡村环境氛围在视觉传达领域的品质，用创新性设计思路促进乡村建设的可持续发展。

(1) 标牌1   (2) 标牌2

(3) 标牌3   (4) 场地标牌-正面   (5) 场地标牌-侧面

(6)标牌柱立面图

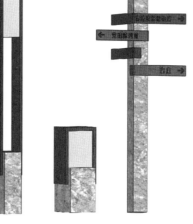

(7)轴测图示例

(8)广告招贴设计

图4-2-15　古法造纸区域视觉识别系统应用设计(1-8)

2.3 半岭堂古法造纸博物馆展示设计

古法造纸博物馆的设计与营造不仅使半岭堂古法造纸术这一非物质文化遗产得到保存和展示,提高观众传统文化的认知水平,还能带给原住民传统文化的自信。结合乡村文化传播的服务对象和展示内容,将造纸文化展示空间分为讲堂、客厅、古法造纸博物馆展厅区及造纸体验区等功能空间,带给受众多元的文化功能空间体验(图4-2-16)。其中,讲堂作为乡村的文化礼堂使用,室内墙面展示乡风民俗文化,室内空间为村民活动的场所;客厅作为面向内外的公共交流空间,既为游客提供便利的购物休憩场所,也为村民提供展示和销售当地土特产品的窗口。通过讲堂和客厅这两个静态空间的建立,提供村民与游客交流的场所与契机。在讲堂空间中运用纸的折面形式设计了乡村风貌图片展示的展板,增强村民的归属感与自豪感,有利于形成乡村传统文化遗产的保护和传播意识,激发村民弘扬乡村文化和发展乡村旅游产业的内在动力(图4-2-17至图4-2-21)。博物馆展厅是半岭堂古法造纸文化遗产系统展示的空间,通过造纸技艺展现当地传统文化的风貌特色。古法造纸博物馆各个空间的室内设计元素取之于造纸原料"竹"的形态意象,利用竹元素进行抽象化的线性提取,运用原木条搭建展示空间的构造组合,满足了展示、交流、活动的功能,同时营造出亲切闲适的空间氛围,古法造纸博物馆的建立为半岭堂的造纸文化展示提供了一处自然、恬静的空间场所。古法造纸博物馆展厅分为四个主题部分,分别是纸之概览、纸之技艺、纸之器具、纸之体验,是对传统造纸文化的系统呈现。四大展厅中对造纸技艺的视觉呈现,以定格化的二维图示展现当地造纸活动的历史,以实物展示和传递造纸技艺的真实信息,供人们认知与体验,加深受众对造纸文化的了解,达到对中国传统纸文化的传播作用。室内手工纸体验区是游客参与性的空间场所,通过对半岭堂竹纸进行剪、折、印、刻等互动体验的方式了解竹纸特性和竹纸衍生产品,为文化的传承与弘扬起到承上启下的作用(图4-2-22至图4-2-32)。

半岭堂古法造纸博物馆整体设计包含了展厅中造纸文化图文和展品实物的静态呈现,以及古法造纸作坊可供参与性活动的动态体验,为游客了解古法造纸技艺提供场景式体验的场所,也为传统的古法造纸技艺活态传承提供良好的空间条件,同时还起到文化传播的作用。通过造纸文化传播载体的抽象化运用对半岭堂古法造纸博物馆建筑、室内环境、导视系统和景观构筑物等进行优化设计,实现在该区域空间氛围中造纸文化内涵的传播和延续,对推动半岭堂古法造纸文化的保护、传承与发展,满足乡村旅游中游客的文化需求,以及实现对乡村文化的认同与接受,推动半山村文化旅游产业的可持续发展具有重要作用与意义。

半岭堂古法造纸文化遗产的保护与再利用设计目的在于对传统文化的传承与发展,作为保留"活着"的古法造纸技艺,展示了当地村民的智慧与文明,体现出独特的地域文化特色。入选为非物质文化遗产的半岭堂古法造纸是乡村独有的灵魂,它承载了乡村历史的辉煌,也将推动乡村的未来发展。通过文化体验场所的保护及维持文化动态延续的老建筑空间的再利用设计,提出解决地方文化景观遗产保护和传承中相关问题的方案,强调文化景观遗产的保护除了对遗存建筑或构筑物本身的改造设计外,更要将人在文化遗产中的活动包揽其中,重视人的文化感知,努力体现文化遗产的活态传承。半岭堂古法造纸文化遗产的保护与再利用将大大推动乡村旅游产业的发展,它是乡村振兴的重要载体。只有坚持文化遗产整体性、原地性、独特性保护等设计原则以及文化景观再利用的理念与方法，在不断地传承、修复中注入新的人文活力，才能实现乡土文化的复苏，推动乡村振兴。[50]

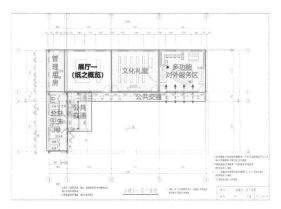
(1)一层平面图

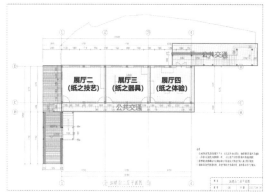
(2)二层平面图

图4-2-16　古法造纸博物馆室内功能分布图(1-2)

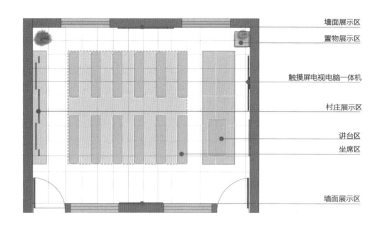

墙面展示区
置物展示区

触摸屏电视电脑一体机

村庄展示区

讲台区
坐席区

墙面展示区

图4-2-17　博物馆讲堂平面布置图

(1)

(2)

图4-2-18　博物馆讲堂环境效果图(1-2)

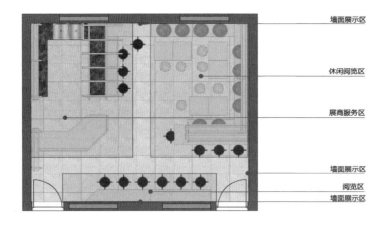

墙面展示区

休闲阅览区

展商服务区

墙面展示区

阅览区
墙面展示区

图4-2-19　博物馆客厅平面布置图

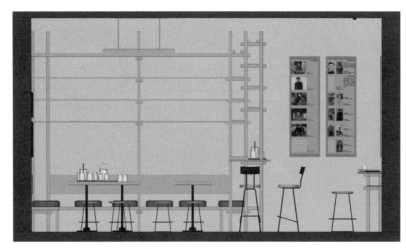

(1)

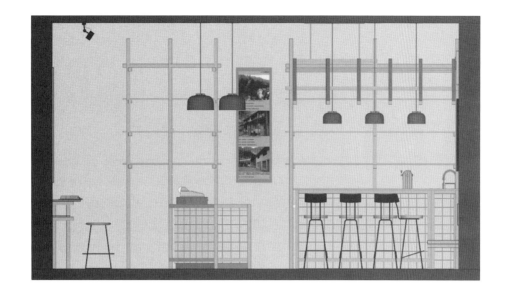

(2)

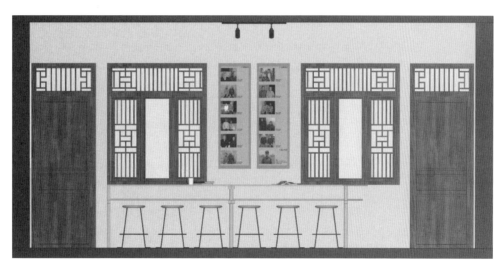

(3)

(4)

图4-2-20　博物馆客厅展示立面示意图(1-4)

(1)

(2)

图4-2-21 博物馆客厅环境效果图(1-2)

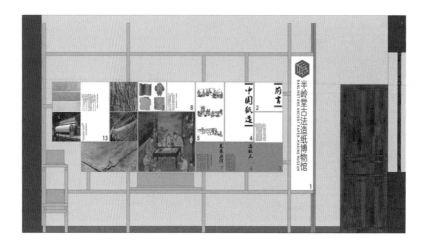

(1)

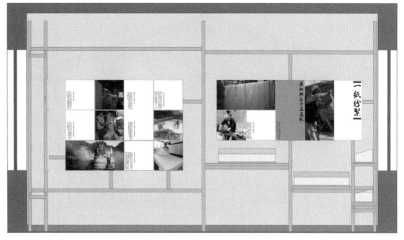

(2)

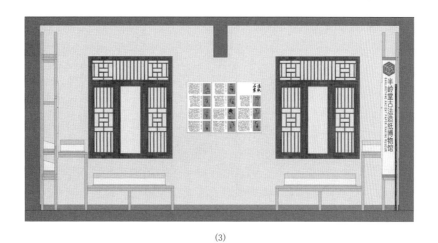

(3)

图4-2-22　博物馆第一展厅展示设计方案(1-3)

图4-2-23　博物馆第一展厅效果图

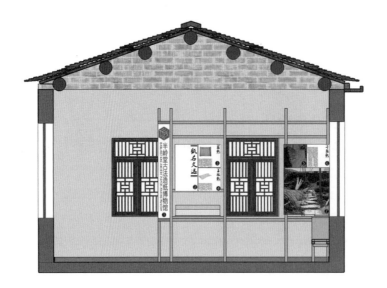

(1)

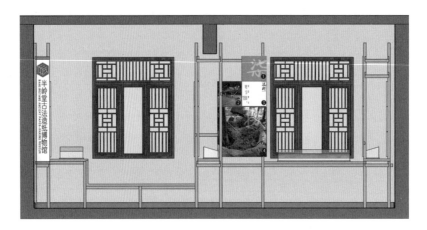

(2)

(3)

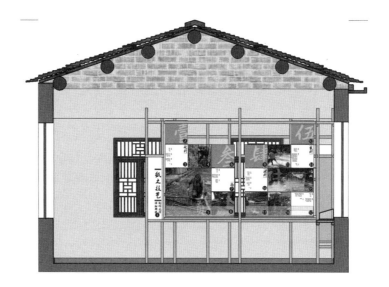

(4)

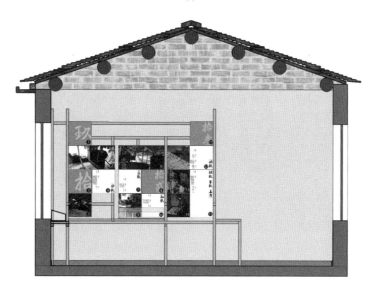

(5)

图4-2-24　博物馆第二展厅展示设计方案(1-5)

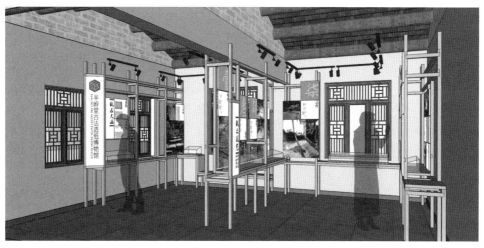

图4-2-25　博物馆第二展厅效果图

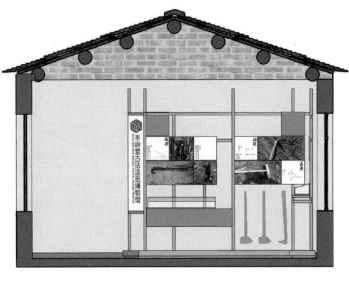

(1)

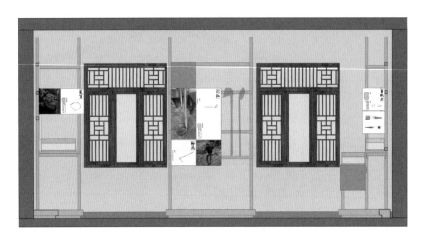

(2)

图4-2-26　博物馆第三展厅展示设计方案(1-2)

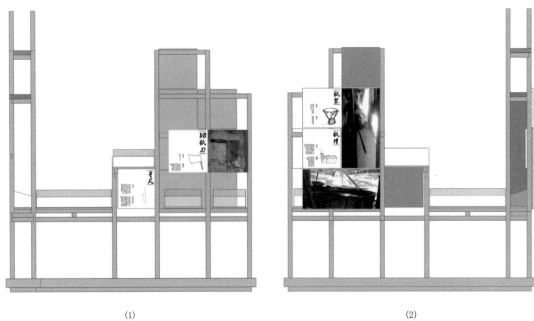

(1)

(2)

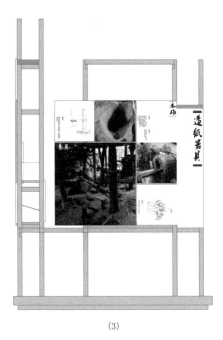

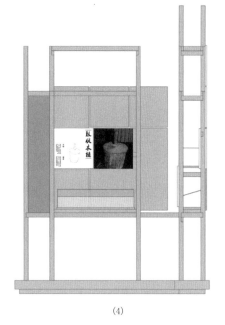

(3)　　　　　　　　　　　　　　　　　　　(4)

图4-2-27　博物馆展台设计方案(1-4)

图4-2-28　博物馆第三展厅效果图

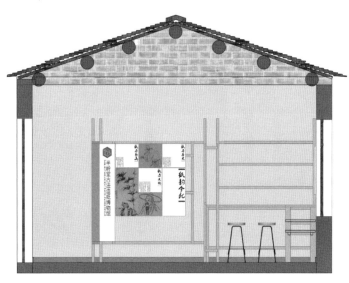

(1)

(2)

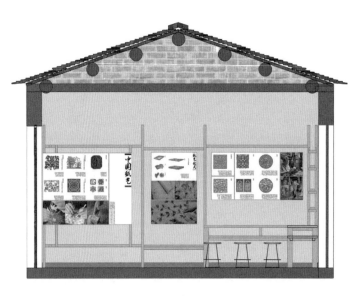

(3)

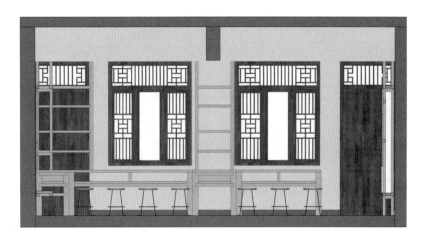

(4)

图4-2-29　博物馆第四展厅展示设计方案(1-4)

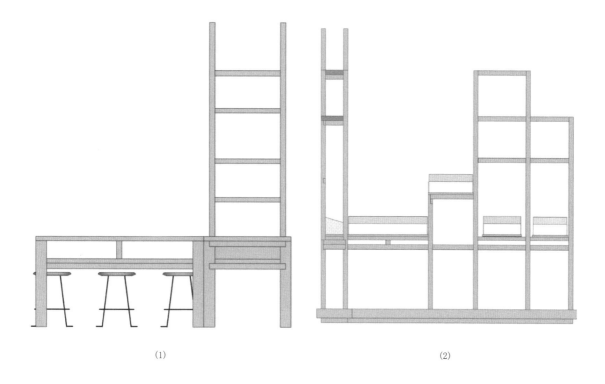

(1)

(2)

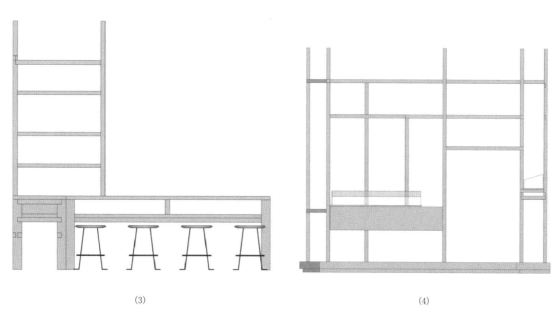

(3)

(4)

图4-2-30　博物馆展台与操作体验台设计方案(1-4)

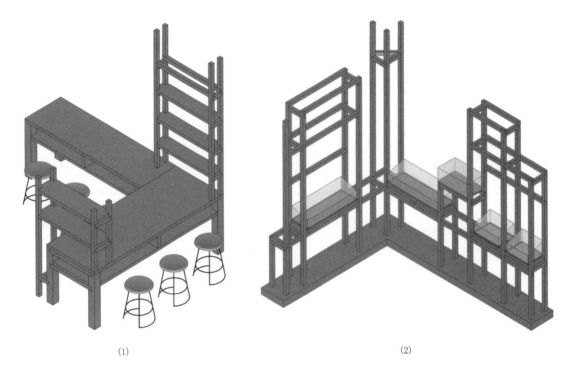

(1)　　　　　　　　　　　　　　　　　　(2)

图4-2-31　博物馆展台与操作体验台轴测图(1-2)

图4-2-32　博物馆第四展厅效果图

参考文献

[1] 住房城乡建设部 文化部 国家文物局 财政部关于开展传统村落调查的通知
     [EB/OL]. （2012-4-16）[16:22:32] https://www.mohurd.gov.cn/gongkai/
     zhengce/zhengcefilelib/201204/20120423_209619.html

[2] 冯骥才.守住底线 遵循科学 和谐发展 为中华文明守护好家园[J].小城镇建
     设,2016（7）：15.

[3] 赵小龙,林冬庞.基于乡村聚落意象的传统村落保护与更新策略研究[J].浙江
     工业大学学报,2017（3）：274.

[4] 陈前虎,潘聪林,李玉莲.乡村村域空间发展规划研究[J].浙江工业大学学
     报,2017（3）：253-257.

[5] 《台州市黄岩区旅游总体规划（2018—2035）》[Z].浙江外国语学院国际旅游
     与休闲研究所编制,2018.

[6] 《台州市黄岩区富山乡半山村村庄设计（2016-2025）》[Z].浙江工业大学小城
     镇协同创新中心编制,2016.

[7] 吕勤智,杨欣雨.以发展乡村旅游产业为目标的半山村景观环境设计实践研究
     [J].浙江工业大学学报,2017（3）：260.

[8] 方明.传统村落保护困局如何破[N].光明日报,2017.1.7(4).

[9] 吕勤智,丁于容.论传统村落景观形态整体性保护与发展的作用与意义[J].浙
     江工业大学学报,2017（1）：17-21.

[10] 吴家骅.景观形态学:景观美学比较研究[M].北京：中国建筑工业出版
     社.1999,5：3,309.

[11] 戴颂华.中西居住形态比较——源流·交融·演进[M].上海：同济大学出版
     社.2008：8.

[12] 段进,邱国潮.国外城市形态学研究的兴起与发展[J].城市规划学
     刊,2008(5):34-42.

[13] 丁于容.中国传统村落半山村景观形态保护设计研究[D].杭州:浙江工业大
     学,2017.

[14] 周建明.中国传统村落——保护与发展.北京：中国建筑工业出版社.2014,10:
     36.

[15] 约翰斯顿.哲学与人文地理学[M].蔡运龙,等译.北京:商务印书馆,2000:108.

[16] 刘沛林.中国传统聚落景观基因图谱的构建与应用研究[D].北京：北京大
     学,2011.

[17] 钟来元,郝晋珉.粤西低山丘陵区景观生态及景观优化研究—以高州市新垌镇为
     例[J].中国生态农业学报,2006(2):227-229.

[18] 单启德.从传统民居到地区建筑[M].北京:中国建材工业出版社,2004:4.

[19] 李晓峰.乡土建筑——跨学科研究理论与方法[M].北京:中国建筑工业出版
     社,2005:218.

[20] 陈志华.中国乡土建筑之现状——陈志华教授访谈录[J].中国名
     城,2010(4):53-56.

[21] 张卫.关于历史性建筑改造与再利用的思考[J].建筑师,2005(4):106.

[22] 杨宇峤.历史建筑场所的重生:论历史建筑"再利用"的场所构建[M].西安:西北工业大学出版社,2015:24.

[23] 陈志华.说说乡土建筑研究[J].建筑师.1998,75(5):78-84.

[24] 干永福.乡村旅游概论[M].北京:中国旅游出版社,2017:124.

[25] 王云才.乡村景观旅游规划设计的理论与实践[M].北京:科学出版社,2004.

[26] 尤海涛.乡村旅游的本质回归:乡村性的认知与保护[J].中国人口·资源与环境,2012,22(9):160.

[27] 熊凯.乡村意向与乡村旅游开发刍议[J].地域研究与开发,1999,18(3):70-71.

[28] 吴良镛.城市特色美的探求[J].城市环境美学,1991:33-35.

[29] 拉普卜特.宅形与文化[M].北京:中国建筑工业出版社,2007:156.

[30] 李晓峰.乡土建筑——跨学科研究理论与方法[M].北京:中国建筑工业出版社,2005:99-112.

[31] 傅朝卿.老建筑的第二春[J].建筑师,1993(11):95-96.

[32] 查群.建筑遗产可利用性评估[J].建筑学报,2000(11):51.

[33] 楼庆西.中国古村落:困境与生机——乡土建筑的价值及其保护[J].中国文化遗产,2007(02):8.

[34] 范文兵.上海里弄的保护与更新[M].上海:上海科学技术出版社,2004:8-9.

[35] 阮仪三.原真性视角下的中国建筑遗产保护[J].华中建筑,2008(26):146.

[36] 卢倩雯.基于文化地理学的浙江半岭堂村文化旅游景观设计研究[D].杭州:浙江工业大学,2019.

[37] 吴文智,庄志民.体验经济时代下旅游产品的设计与创新——以古村落旅游产品体验化开发为例[J].旅游学刊,2003(06):68.

[38] 吴良镛.北京旧城与菊儿胡同[M].北京:中国建筑工业出版社,1994:68.

[39] 夏欣.中国传统村落半山村乡土建筑环境保护与更新设计研究[D].杭州:浙江工业大学,2018.

[40] 杨公侠.视觉与视觉环境[M].上海:同济大学出版社,1985:1-7.

[41] 宋扬,吴丹蓉,吕勤智.乡村视觉识别系统设计(VI)在半山村景观环境中的应用设计[J].浙江工业大学学报(社会科学版),2017,16(03):266-271.

[42] 邵培仁.传播学(修订版)[M].北京:高等教育出版社,2000.

[43] 诺伯舒兹.场所精神:迈向建筑现象学[M].施植明,译.1版.武汉:华中科技大学出版社,2010:7-22.

[44] 王受之.世界现代设计史[M].广州:新世纪出版社,1995.

[45] 刘沛林.新型城镇化建设中"留住乡愁"的理论与实践探索[J].地理研究,2015,34(07):1205-1212.

[46] 杜士英.视觉传达设计原理[M].1版.上海:上海人民美术出版社,2009:165-176.

[47] 鲁道夫·阿恩海姆.艺术与视知觉[M].滕守尧,朱疆源,译.1版.北京:中国社会科学出版社,1984:23.

[48] 吴丹蓉.浙江省台州"黄永古道"人文景观视觉环境设计研究[D].杭州:浙江工业大学,2018.

[49] 王恩涌.文化地理学[M].南京:江苏教育出版社,1995:32.

[50] 宋扬,卢倩雯.半岭堂古法造纸文化景观遗产保护与再利用设计研究[J].浙江工业大学学报,2018(4):405-410.

中国传统村落景观环境保护与可持续发展建设探索 半山村

备注：

1. 第一部分中的部分历史图文资料选自2014年台州市黄岩区住建局《传统村落半山村申报材料》；

2. 第一部分章节中的部分规划图和内容节选自浙江工业大学小城镇协同创新中心陈前虎教授主持的规划设计团队完成的《半山村传统村落保护与发展规划》；

3. 第二部分、第三部分和第四部分章节中的设计方案图选自浙江工业大学小城镇协同创新中心吕勤智教授主持的环境设计团队完成的系列设计成果。

后记

　　浙江工业大学小城镇协同创新中心为对接浙江省重大发展战略、促进浙江乡村振兴建设与发展，着力提升高校人才培养、科学研究、社会服务和文化传承创新的整体水平，本着校地合作、协同创新的原则和建设山村造福乡民的目标，2015 年 12月与台州市黄岩区住建局签订了"宜居村镇建设校地战略合作协议"，旨在全面提升台州市黄岩区宜居乡村规划与建设水平，更好地促进传统村落的保护和开发，不断深化、拓宽校地产学研合作领域，实现高校服务地方经济社会发展。五年多来，浙江工业大学小城镇协同创新中心的规划与设计团队承担的"黄岩区富山乡半山村传统村落保护与开发科技咨询战略合作框架课题"，重点针对"中国第三批传统村落"和"浙江省第四批历史文化村落重点村"半山村开展传统村落的保护和开发建设设计研究，在村庄规划、村庄设计、乡村建筑保护与设计、乡村风貌景观环境设计等乡村人居环境方面完成了一系列专题研究与设计工作。协同创新设计团队具体针对半山村保护地方文化、提升景观特色和乡村吸引力、实现可持续发展等方面进行创意设计，为更好地保护、传承和利用好半山村的人文环境、自然生态和建筑风貌，彰显黄岩西部山区乡村的地方特色，切实提升村民的生活质量，团队利用规划、建筑、景观三位一体的协同设计优势，全面承担整体村落的规划策划、建筑更新和景观环境设计等方面工作，并进行全方位的规划设计与建设指导工作，为半山村打造传统村落保护与开发利用的浙江省优秀范例做出了积极地努力与探索。在设计实践中协同创新团队深度发掘源自乡村传统的文化元素，并把这些乡土元素转换为保护与更新设计中的优势资源，以及形态、色彩、材料、质感等视觉设计符号，有机融入乡村设计中，在满足功能需要的同时，增强环境场所体验的丰富度。在对半山村景观环境的保护与更新中寻求新形态、新景观与传统资源的有机融合与创新运用，探寻"新与旧"元素在乡村环境持续发展中的契合点，使鲜活的本土文化元素呈现出新时代的活力，实现从实践到理念、从物质到精神的转化与升华，在努力探索乡村历史文化保护、传承与发展的实践案例中，梳理具有符合当地特色的建设与发展之路。设计团队力求在积极保护的前提下，合理开发利用半山村的历史文化资源，挖掘并传承半山村价值丰富的资源，优化产业结构，适度发展乡村旅游业，合理定位并提出具体的发展方向和发展策略，以此促进半山村经济、社会、文化的整体协调发展，对宜居乡村建设中面临的重要问题提供全方位的智力支撑和解决方案。团队的设计实践全方位地验证了在半山村的乡村设计与建设中，规划设计、建筑设计、景观设计、室内设计、视觉传达和产品设计等系统性、一体化相结合的协同创新优势与必要性，实践探索了具有浙江地域特色的乡村振兴发展建设的有效方法与路经。

半山村传统村落景观环境保护与可持续发展的更新设计和建设研究工作，在浙江工业大学小城镇协同创新中心陈前虎教授带领的乡村规划团队和赵小龙副教授带领的乡村建筑设计团队的共同合作下，在富山乡党政领导何晔、童菁菁、林鹏，半山村党政领导戴盈财、梁士富、周梅池、周福明等工作人员的共同配合与努力下，圆满完成半山村传统村落保护与更新建设的阶段性工作任务。富山乡与半山村的干部、村民和浙江工业大学的专业团队集结乡村两级和高校的力量，深入开展校地合作，全方位打造"旅游、生态、宜居"的古村落，建设工作中不畏艰难，全力推进项目落实。在这一阶段的建设工作中修复改造传统乡土建筑105间，改造村内现代化建筑的立面风貌53间，修复古道2130米，保护古树10棵。以半山溪为主线，沿溪展开各节点项目建设，建成村口地标景观与长廊、溪口台地景观、乡村人才工作室与产学研基地、文化礼堂、民艺体验区、古法造纸博物馆、党建陈列馆、民俗博物馆、黄永古道保护修复及乡村VI系统应用等一批公共建筑和景观节点的建设项目，使半山村的传统风貌得到有效保护，景观环境品质得到提升，村民生活获得更多的满足与幸福感，通过"花朝节"等乡村旅游主题活动，全方面、多角度地展现出半山村的风貌与特色。难忘大家为半山村建设努力工作的日日夜夜，感动大家齐心协力的付出与贡献。半山村先后被评为中国传统村落、省级历史文化村落重点村、省级农家乐特色村、首批省级3A级景区村庄及首批省级休闲旅游示范村，正在以此为基础，更高水准地努力建设4A级景区村庄，祝福浙东南山区黄永古道旁的这座小村庄建设得更加美好。

《中国传统村落景观环境保护与可持续发展建设探索——半山村》一书，为吕勤智教授主持的环境设计科研团队针对半山村在传统村落保护和可持续发展方面，理论与设计实践研究课题的部分成果和经验总结，重点带领和指导丁于容、夏欣、吴丹蓉、卢倩雯等研究生分别针对半山村景观形态、乡土建筑、文化旅游景观和人文景观视觉环境的理论和实践设计进行专题研究，为课题奠定了理论基础，为半山村传统村落的保护和可持续发展建设实践进行了有益的理论探索。希望该成果能够为中国乡村振兴建设中传统村落的保护和发展提供关于更新设计与建设管理等方面的案例借鉴，并起到参考和理论支撑的作用。本书在对半山村保护与建设工作中进行的村庄景观规划、建筑保护与再利用设计、村庄景观保护与设计等方面的阶段性设计研究成果是经过系统研究、策划、组织和统筹下课题组团队成员共同努力完成的成果，更是集体智慧的结晶。本书的出版得到浙江大学出版社的大力支持，特别感谢责任编辑冯社宁老师的精心编辑与指导。同时，该书也得到了浙江工业大学小城镇协同创新中心的资助，以及浙江省新型重点专业智库杭州国际城市学研究中心、浙江省城市治理研究中心的支持与指导。

环境设计团队负责人：吕勤智
环境设计团队主要成员：宋扬、黄焱、孙以栋、朱慈超、冯阿巧、金阳、王一涵
研究生成员：丁于容、魏红鹏、夏欣、吴丹蓉、胡梦丹、杨欣雨、马凯杰、卢倩雯、邱丽珉、朱元铭、陈秋萍、沈茹羿、赵千慧、高煊、朱家立、汪洋、章佳祺、莫可怡、朱晨凯、刘祥鑫、楼紫霞、陈格、莫倩等。

衷心感谢大家为课题研究和《中国传统村落景观环境保护与可持续发展建设探索——半山村》等成果完成共同做出的努力与贡献。

以下将以图片形式记录和展现中国传统村落半山村保护与可持续发展建设过程中值得回忆的瞬间与花絮（组图-1至组图-15）。

组图-1　校地战略合作启动半山村传统村落保护和更新设计与建设

组图-2 协同创新设计团队深入半山村调研与开展设计研究工作

组图-3　发挥高校人才优势以半山村为基地组织师生参与设计实践

组图-4　利用高校资源组织中外专家学者参与半山村实践研究与交流

组图-5　浙江工业大学产学研基地在半山村揭牌并开展教学实践工作

组图-6　利用闲置民宅改造的产学研基地可供工作、 展示与交流

组图-7　半山村入口景观环境的精心营建已打造成地标性的打卡点

组图-8　乡村VI运用与公共设施设置提升了半山村的景观环境品质

组图-9　利用闲置的小学校改造的古法造纸博物馆建造过程

组图-10 利用闲置的小学校改造的古法造纸博物馆揭牌并接待观众

组图-11　利用闲置的小学校改造的古法造纸博物馆展厅环境

组图-12 利用闲置的旧机房改建成乡村党建陈列馆成为红色教育基地

组图-13 乡村旅游主题活动吸引八方来客扩大了半山村的影响和美誉度

组图-14　各级领导实地走访和关怀支持半山村的保护与发展建设工作

组图-15　为半山村传统村落保护和发展留下建设者们的汗水与足迹

半山村被列入第三批中国传统村落名录，先后被命名为浙江省历史文化村落重点村、浙江省农家乐特色村、浙江省森林村庄、浙江省美丽乡村特色精品村、浙江省首批3A级景区村庄、浙江省生态文化基地、浙江省首批休闲旅游示范村等，并入选浙江省未来乡村创建村名单。

此书献给为半山村保护和发展建设做出努力和奉献的人们。